气象为新农村建设服务系列丛书

温棚蔬菜栽培实用气象技术

李　德　编著

气象出版社
China Meteorological Press

图书在版编目(CIP)数据

温棚蔬菜栽培实用气象技术/李德编著.—北京：
气象出版社,2008.1(2017.3 重印)
（气象为新农村建设服务系列丛书）
ISBN 978-7-5029-4375-2

Ⅰ.温⋯ Ⅱ.①李⋯ Ⅲ.蔬菜-温室栽培 Ⅳ.S626.5

中国版本图书馆 CIP 数据核字(2007)第 152793 号

出版发行：气象出版社
地　　址：北京市海淀区中关村南大街 46 号
邮政编码：100081
网　　址：http://www.qxcbs.com
E-mail：qxcbs@cma.gov.cn
电　　话：总编室 010－68407112,发行部 010－68408042
总 策 划：刘燕辉　陈云峰
策划编辑：崔晓军　王元庆
责任编辑：崔晓军
终　　审：汪勤模
封面设计：博雅思企划
责任技编：刘祥玉
责任校对：牛　雷
印 刷 者：三河市百盛印装有限公司
开　　本：787 mm×1 092 mm　1/32
印　　张：3.5
字　　数：76 千字
版　　次：2008 年 1 月第 1 版
印　　次：2017 年 3 月第 16 次印刷
印　　数：115 601～118 600
定　　价：10.00 元

《气象为新农村建设服务系列丛书》

编　委　会

序

　　我国是一个农业大国,农村经济和人口都占有相当大的比例,没有农村经济社会的发展,就没有整个经济社会的发展,没有农村的和谐,就难以实现整个社会的和谐。党的十六届五中全会提出了建设社会主义新农村的战略部署,这是光荣而又艰巨的重大历史任务,成为全党全国人民的共同目标。农业安天下,气象保农业。新中国气象事业始终坚持为农业服务,几代气象工作者为我国农业生产和农业发展努力做好气象保障服务,取得了显著的成绩,得到了党中央、国务院的充分肯定,得到了广大农民的广泛赞誉。建设社会主义新农村对气象工作提出了新的更高的要求,《中共中央 国务院关于推进社会主义新农村建设的若干意见》(中发〔2006〕1号)明确提出,要加强气象为农业服务,保障农业生产和农民生命财产安全。《国务院关于加快气象事业发展的若干意见》(国发〔2006〕3号)也要求,健全公共气象服务体系、建立气象灾害预警应急体系、强化农业气象服务工作,努力为建设社会主义新农村提供气象保障。为此,中国气象局下发了《关于贯彻落实中央推进社会主义新农村建设战略部署的实施意见》,要求全国气象部门要围绕"生产发展、生活宽裕、乡风文明、村容整洁、管理民主"的建设社会主义新农村的总体要求,按照"公共气象、安全气象、资源气象"的发展理念,积极主动地做好气象为社会主义新农村建设的服务工作。要加强气象科普宣传力度,编写并发放气象与农业生产密切相关的教材;要积极开展新型农民气象科技知识培训,大力提高广大农民运用气象科技防御灾害、发展生产的能力;要开办气象知识课堂,定期、不定期对农民开展科普培训;要加强农村防灾减灾和趋利避害的气象科普知识宣传,对学校开展义务气象知识讲座,印制与"三农"相关的气象宣传材料、科普文章和制作电视短片等。

气象出版社为深入贯彻落实中国气象局党组关于气象为社会主义新农村建设服务的要求,结合中国气象局业务技术体制改革,积极推进气象为社会主义新农村建设服务工作,并取得实实在在的成效,组织全国相关领域的专家精心编撰了《气象为新农村建设服务系列丛书》。该套丛书以广大农民和气象工作者为主要读者对象,以普及气象防灾减灾知识、提高农民科学文化素质和气象工作者为社会主义新农村建设服务的能力为目的,行文通俗易懂,既是一套农民读得懂、买得起、用得上的"三农"好书,又是气象工作者查得着、用得上的实用服务手册。

中国气象局局长　郑国光

2007 年 5 月

目　　录

第一章　温棚蔬菜生育的气象条件

1. 温棚黄瓜栽培对环境气象条件有啥要求

黄瓜生长发育的基本特征

黄瓜从播种到收获结束，一般分为发芽期、幼苗期、初花期、结果期。从种子萌动到第一片真叶出现为发芽期，一般需10天左右。这一时期需要高温、高湿条件，在种子出土前不需要光照，但在种子出土后则要求充足的光照。从真叶出现到真叶长至5～6片为幼苗期，一般需90天左右，是花芽开始分化的重要时期。这一时期要求低温、短日照条件。从5～6片真叶进行定植到第一雌花开放为初花期，一般需25天左右。这一时期花芽继续分化，叶片数量增多，叶面积不断扩大，对水、肥要求逐步增高，对温度、光照要求严格。从第一果坐住到拉秧为结果期，是一个比较长的过程，也是黄瓜生长与结果最为旺盛的时期。这一时期要充分满足黄瓜对水、肥的要求，进行科学管理，才能充分发挥其生产力，获得最佳的产量。

（1）温度

黄瓜是喜温蔬菜，对温度的要求比较严格，其生长发育的界限温度是10～30℃，光合作用的适宜温度是25～32℃。黄瓜生长发育最适宜的夜间温度是16℃，最适地温是24℃。当温度低于10℃时生长缓慢，温度在5℃以下时停止生长；如果温度继续下降，就有可能造成冻害或死亡。黄瓜虽然喜温，但对高温的忍耐力较差。当温棚内的环境气温在35℃以上时，黄瓜会发育不良，超过40℃就会引起落花落果或产生畸形瓜。黄瓜种子发芽的最适宜温度是25～30℃，最低为15℃，超过35℃发芽缓慢。同时，黄瓜生育对地温也十分敏感，根系生长的最适宜地温是20～25℃，最低为15℃，当低于12℃时，根系活动就受到阻碍，引起下部叶片发黄。地温最高不可超过32～35℃，达38℃以上时，根系会停止生长。黄瓜开花结果的适宜温度是白天25℃、夜间13～15℃，适宜地温在20℃左右；温棚内的气温在25～30℃时，黄瓜果实生长最快；当温棚气温高于35℃时，其花粉发芽会受到影响，对结果及种子发育不利。

（2）湿度

黄瓜对温棚内的空气湿度与土壤湿度要求都比较高，最适宜的空气相对湿度为70%～90%、最适宜的土壤湿度为85%～90%。黄瓜属于浅根系作物，土壤湿度过小，会引起植株发育不良，且影响产量；土壤湿度过大，地温过低，又易发生"沤根"。因此，在温棚栽培中，空气相对湿度和土壤湿度是黄瓜高产的主要限制因素。

（3）光照

黄瓜属短日照作物，也就是说黄瓜开花坐果需要的日照时数要逐日减少。一般来说，在黄瓜开花前期的日照时数不超过10～12小时，可促使黄瓜可以提前开花结果。同时，黄瓜又比其他果菜类蔬菜更耐弱光，但幼苗对光的反应敏感。黄瓜在一天内有60%～70%的光合作用是在上午进行的。因此，在温棚黄瓜栽培中，上午应保证有充足的光照，并提高温度。这对提高光合作用强度和产量都十分有利。

2. 温棚番茄栽培对环境气象条件有啥要求

番茄生长发育的基本特征

番茄为喜温、喜光、耐肥及半耐旱的蔬菜。从播种到采收结束，可将番茄的全生育期分为发芽期、幼苗期、开花着果期和结果期。在适宜条件下，从种子发芽到第一片真叶出现为发芽期，一般需要 7～9 天。从第一片真叶展开到定植为幼苗期。从第一花序现蕾、开花到坐果的短暂时期为开花着果期。从第一花序着果一直到采收结束拉秧为结果期。

温棚番茄对气象条件的具体要求

（1）温度

番茄不同生育期对温度的要求不同，种子发芽的最适温度是 28～30℃，最低温度为 12℃，超过 35℃ 发芽不利。番茄幼苗期白天适宜温度为 20～25℃，夜间为 10～15℃。番茄开花期对温度反应较为敏感，尤其是开花前 9～5 天与花后 2～3 天，白天适宜温度是 20～30℃、夜间为 15～20℃。当白天遇到 15℃ 以下的低温时，开花授粉及花粉管的伸长都会受到抑制；但当温度恢复正常后，花粉管的伸长及授粉受精又能正常进行。这一特性对冬季温棚栽培番茄有利。但在开花前 9～5 天温度高于 35℃、开花至花后 3 天内温度高于 40℃，花粉管伸长会受到抑制，花粉发芽困难，易引起落花。结果期的白天适宜温度是 25～28℃、夜间是 16～20℃。

另外，对花芽分化影响最大的环境气象要素之一为温度条件。有研究表明，高温能促进花芽分化，但高温下花芽数目减少。低温使花芽分化期延长，但花芽数目增多。此外，当花芽分化期夜间温度低于 7℃ 时，则易出现畸形花。

番茄根系生长最适宜的地温为 20～22℃,在 9～10℃时根毛停止生长,低于 5℃时根系对养分及水分的吸收受阻。在温棚栽培中,要维持较高的昼夜地温(一般在 20℃左右),这有利于促进根系发育,使植株健壮。

番茄果实着色对温度的要求比较严格,温度在 19～20℃,有利于番茄红素形成,高于 30℃或低于 15℃均不利于着色,特别是温度高于 35℃时,番茄红素不能形成。番茄光合作用最适宜的温度是 20～28℃,低于 15℃或高于 35℃会导致番茄开花、授粉和受精不良。

另外,番茄生育的致死低温为 1～2℃。

(2)光照

番茄是喜光蔬菜,不同生育期对光照要求不同。发芽期不需要光照。幼苗期对光照要求比较严格,光照不足会延长花芽分化,致使着花节位上升、花数减少、花芽素质下降。因此,花芽分化期的主要限制气象因素是日照时数、光照强度。据试验,光照充足花芽分化早、节位低、花芽大,能促进开花及早熟。在开花期若光照不足,可导致落花落果。结果期光照充足,不仅坐果多,而且果实大、品质好。反之,结果期若光照不足,则坐果率低、单果重量下降,还容易出现空洞果、筋腐病果。因此,在温棚番茄栽培中,要注意通过延长光照时间,选择合理栽培方式,并采取植株调整、后墙增加反光幕等措施,增加光照,以获得最佳的栽培效果。

(3)水分

番茄茎叶繁茂需水多,但由于其根系发达吸水能力也强,因此又属半耐旱蔬菜。番茄在不同生育期对水分要求不同,发芽期需水多,要求土壤湿度在 80% 以上,幼苗期以 65%～75% 为宜,结果期则要求在 75% 以上,空气相对湿度以

50％～66％为宜。在冬春季节的温棚栽培中,对水分的管理应特别慎重。若土壤干旱会影响其正常生长发育;但若浇水过多,导致地温下降,则会影响根系的发育及养分的吸收,同时加大了空气相对湿度,又易诱发病害。

另外,番茄对土壤通气条件要求严格,适合微碱性和中性土壤,以 pH* 值 6～7 为宜。因此,栽培番茄应选择土层深厚、富含有机质、排水良好的肥沃壤土。肥料中氮肥主要是满足植株及果实生长发育的养分需求,是丰产的必须条件,磷肥能促进花芽分化及发育,增强根系对养分的吸收能力;钾肥能促进果实迅速膨大,对糖的合成及运转,细胞浓度的提高,品质的改善,抗旱能力的增强有重要作用。

3. 温棚茄子栽培对环境气象条件有啥要求

（1）温度

茄子是喜温蔬菜。生长发育最适宜的温度是 25～30℃。种子发芽以 30～32℃ 为宜。幼苗期以白天 20～25℃,夜间 17℃ 以上为好。开花结果期白天 25～30℃,夜间不能低于 15℃;否则,环境温度低于 15℃,其生长缓慢,容易落花落果。若环境温度再降低至 7～8℃时,就会发生寒害。同时,茄子又比较耐热。但据研究,温度超过 35℃时,花器发育不良,短花柱花数量增加。若环境温度超过 45℃时,茄子叶面会出现坏死斑点。一般来说,在昼温 20℃、夜温 15℃时,从花芽分化到开花的天数比较长,约 60 天,但几乎百分之百能发育成长柱花。随着温度的提高,长柱花比例下降,中、短柱花比例上升。

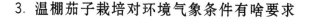

---

　　*　pH 值指的是酸碱度。pH 值小于 7,为酸性;大于 7,为碱性;等于 7,为中性

（2）光照

茄子对光照长短不敏感，属中光性作物。幼苗期若光照充足，则生长健壮，花芽分化好，长花柱花多。结果期光照充足有利于茄子着色，尤其对紫色茄子更为明显。因此，改善温室光照条件，强光反光幕是温棚茄子栽培中重要增产措施。

（3）水分

茄子苗期需水较少，进入结果期后枝叶繁茂，水分蒸腾量大，需水量增加，要及时补充水分，否则会使果实发育停滞，果肉变硬、果面粗糙，品质下降。但是，如果土壤湿度过大，浇水过多且集中，往往会使茄子根部的呼吸和吸收受到抑制，造成落花落果，引起病害蔓延，导致大量烂果。

4. 温棚辣椒栽培对环境气象条件有啥要求

（1）温度

温棚栽培辣椒在不同生育期对温度有不同的要求。种子发芽最适温度为 20～30℃，低于 15℃不能发芽，高于 35℃发芽受到抑制。幼苗期发育适宜范围是 18～30℃，最适温度为 28℃。夜间以 18～20℃比较安全，超过 30℃或低于 15℃，对辣椒茎叶的生长和花芽分化都不利。辣椒能忍耐的地温最高为 38℃、最低为 8℃，最适地温为 17～26℃。在培育辣椒苗时，为了积累地温，白天可将气温控制在 25～35℃，夜间将气温保持在 18～20℃。

成苗期到开花结果期，要求环境上限气温不超过 35℃、下限气温不低于 12℃，白天可控制在 25～30℃、晚上在 15～20℃，地温保持在 18～26℃。但在连阴天气，温棚环境气温低于 15℃时，可能导致植株生长缓慢、花粉发育不良且难以授粉、易落花落果；高于 35℃时，则会引起椒花柱头干枯不能受精而落花,或勉强受精但果实发育不良。另外,辣椒整个生育期内,温差控制在 15℃ 以内、不宜过大。

(2)光照

辣椒属于中光性作物,对日照长度不太敏感,但在 10～12 小时日照下,开花结果早、果实发育快。

另外,辣椒与其他果菜类蔬菜相比,属于较耐弱光的植物。只要环境温度适宜、营养条件良好,就能进行花芽分化和开花结果。因此,在调控环境条件时,要注意对光照条件的控制。

(3)水分

辣椒既不耐旱、也不耐涝,由于根系不发达,需要经常保持适宜的土壤水分和透气性。幼苗期要适当控制水分,以促其扎根以防徒长。开花后以保持地面见干见湿为好。花芽分化和坐果期,以土壤湿度 55% 左右、空气相对湿度 80% 左右为宜。

另外,辣椒适于在中性或微酸性土壤(pH 为 5.6～6.8)中栽培,要求土壤肥沃、通气良好、总含盐量低。

5. 温棚西葫芦栽培对环境气象条件有啥要求

(1)温度

西葫芦属于喜温蔬菜,对温度的适应能力较强。种子发芽的适宜温度为 25～30℃,低于 13℃ 不能发芽。生长发育期间的适宜温度白天为 18～25℃,低于 10℃ 或高于 40℃,对生长发育不利;夜间温度在 12～15℃ 时,利于雌花分化。开花结果期白天适宜温度为 22～25℃,低于 15℃ 或高于 32℃ 不利于花器发育,易出现授粉、受精不正常;夜间温度以 15℃ 为宜。坐果初期温度在 8～10℃ 时,幼瓜也能缓慢生长。根系伸长的适宜温度是 15～25℃,低于 6℃ 时根系停止伸长。由此看来,西葫芦出苗前,温棚温度白天要控制在 25～28℃、夜间控制在 13～15℃;苗出齐后,温度要适度降低,特别是在定植前 1 周,夜温要控制在 8℃ 以下,进行低温炼苗,以增强个体抗寒性。缓苗期温度要适当提高,白天维持在 25～28℃、夜间维持在 12～14℃,待缓苗后,棚温可适当提高,但以白天中午不高于 28℃、次日早晨不低于 10℃ 为佳。此后,进入开花结果期,可按其上述生理要求,进行温度调控。

(2)光照

西葫芦对光照要求较黄瓜严格。幼苗期为使雌花分化早而多,适宜短日照(8～10 小时)。但短日照不利于开花结果和果实发育,在开花结果期应给予自然光照(每天 11 小时左右)。

(3)水分

西葫芦喜欢比较湿润的土壤和较干燥的空气。但土壤水分过多时易发生徒长;空气湿度过大,则坐果不良,还容易诱发病害。在冬季温棚栽培中,地温低、日照短、光照弱、蒸腾作用小的环境条件,有利于西葫芦根系对水、肥的吸收。通过进行控水、促根、壮秧,实现西葫芦营养生长与生殖生长的平衡,从而达到多坐瓜、瓜条发育快,最终取得稳产、高产。具体方法:育苗期到缓苗期间,要控制浇水,做到不旱不浇、水量宜小,以避免幼苗徒长。出花以后,要大水足浇,确保西葫芦坐果的需要。

6. 温棚苦瓜栽培对环境气象条件有啥要求

(1)温度

苦瓜喜温、较耐热,但不耐寒。种子发芽的适温为 30～33℃。苦瓜种皮虽厚,但容易吸水,在 40～50℃温水中浸种

4～6小时后,可置于31～32℃催芽。种子发芽期间忌光,以在黑暗处为宜,一般经30小时左右开始发芽,48小时后大部分可发芽。温度在20℃以下或38℃以上发芽缓慢,在13℃以下发芽困难。在25℃左右,约经15天可育成具有4～5片真叶的幼苗。但如果温度在15℃左右,则需要20～30天。

开花结果期苦瓜生长的适宜温度为20～30℃,以25℃左右为最适。30℃以上或15℃以下对苦瓜的生长、结果都不利。

温棚栽培的苦瓜,往往可忍受40℃左右的高温,但遇到低于8℃会停止生长。因此,在温棚内栽培苦瓜,可根据苦瓜各生育期对温度的需要进行调节,应尽量避免超过30℃或低于15℃的温度,以延长生育期,获得较高的经济效益。

(2)光照

苦瓜属于短日照植物,但对日照长短的要求不是十分严格,喜光而不耐阴。春季苗期光照不足可降低植株对低温的抵抗能力,故春播苦瓜遇低温阴雨,幼苗常被冻坏,应采取营养杯加小拱棚或大棚育苗,并有配套保温措施。

苦瓜开花结果期需要较强的光照,其光饱和点在55 000～60 000勒克斯*,光补偿点在400勒克斯左右。因此,充足的光照有利于光合作用及结果率的提高,而光照不足常引起落花落果。

苦瓜的生育特性是短日照能使发育提早,并促进雌花发育。因此,在温棚栽培苦瓜时,可根据这一特点,通过草苦的覆盖与揭去或张挂反光幕等措施来调节光照。

(3)水分

苦瓜的根系比较发达,但以侧根发生的须根为主,再生能

---

* 勒克斯是照度的单位,1勒克斯约等于1烛光在1米距离的照度

力弱,故苦瓜喜湿而不耐涝。一般苗期需水较少,水分过多往往引起徒长、植株瘦弱、抗性降低。进入开花结果期,随着植株茎蔓的快速抽伸,果实的迅速膨大,对水分的需求也越来越多,此时应注意水分的补充。

苦瓜生长发育期间,温棚内的空气相对湿度和土壤相对湿度一般保持在85%左右为宜,但不宜积水,否则,易使根系坏死、叶片黄萎,轻则影响结果,重则植株发病致死。

7. 温棚蔬菜嫁接期间需要啥气象条件

目前,温棚蔬菜栽培多采用嫁接法育苗,以提高幼苗的抗逆性和后期产量。然而,幼苗嫁接期间的温度、湿度等气象要素变化较快,常使嫁接苗的成活率降低。若能根据蔬菜嫁接对气象条件的要求,进行合理调控,则会显著提高嫁接苗的成活率。一般来说,蔬菜苗嫁接期间对气象条件的基本要求是:温度先高后低,湿度以高为主,光照量由少到多,风量由弱到强。具体来说:

(1)温度

通常,幼苗嫁接后,应立即将嫁接苗放入小拱棚内;排苗后,应立即将塑料薄膜四周用土压严,以保温、保湿。温度的控制要按照嫁接伤口愈合的适宜指标进行调控。一般来说,嫁接后3～5天内,白天要保持在24～30℃,切忌不能超过32℃;夜间保持在18～20℃,不应低于15℃。3～5天以后,可开始小通风,并逐渐使温度降低,以增强嫁接苗的抗逆性,白天可稳定在22～24℃,夜间稳定在12～15℃。

(2)湿度

适宜的空气湿度是嫁接苗成活的关键,尤其是苗床要有较高的空气湿度。通常,在嫁接后3～5天内,小拱棚内的相

对湿度宜控制在 $85\%\sim95\%$。营养钵内土壤湿度不要过高，以免引起烂苗。

（3）光照

光照的强弱也是影响嫁接苗成活率高低的重要因素之一。嫁接初期要进行遮光处理。方法是：在小拱棚外面覆盖稀疏的苇帘或草苫，避免阳光直接照射秧苗引起接穗萎蔫。若环境温度过低，应当使嫁接苗多见光。一般在嫁接后 $2\sim3$ 天内，可于早晚揭掉苇帘或草苫，中午前后适当覆盖遮光。以后可逐渐加长光照时间，约在 7 天后可解除遮光。

（4）风量

通风的作用是降温、散湿。通常在嫁接初期不通风，宜在嫁接后 $3\sim5$ 天内以及嫁接苗开始生长时通风。通风量应由小到大，通风时间可随嫁接后天数的增加而逐渐延长。约在嫁接 10 天左右，即可进行大通风。另外，通风时，若幼苗出现萎蔫现象，应及时遮阳并喷洒清水，同时停止通风，避免因通风过猛或时间过长对幼苗生长不利。

第二章　温棚常见环境气象灾害与防御

8. 温棚蔬菜遇暖冬天气咋办

在暖冬年份或冬暖时段，一些蔬菜温棚内常会出现温度过高的现象，从而造成棚内湿度偏大，使薄膜上凝结大量水滴，这样不仅影响薄膜透光，也不利于有机物质积累和蔬菜的生长发育，还会诱发严重病害（如黄瓜霜霉病）。因此，在暖冬年份及冬暖时段，需采取以下措施把蔬菜大棚内的空气湿度控制在一定范围之内。

（1）加强水分管理

根据蔬菜种类和不同的生育阶段，合理浇水。在幼苗定植初期，除浇好缓苗水外，在开始发棵期间还应适当控制浇水，到第一批果实开始膨大后，再逐渐增加浇水量。棚内浇水不宜大水漫灌，可采取隔沟或隔行灌的方法，以减少水分蒸发面和土壤含水量。棚内灌水后，要适时中耕锄划，破坏土壤表层的毛细管，减少水分的蒸发。

（2）适时通风

在不影响棚内温度及蔬菜正常生长发育的前提下，应适当加强通风量或延长通风时间。特别是晴天，大棚内温度高、水分蒸发快，会使棚内湿度显著增加，要根据情况及时通风，散发水汽。一般来说，通风大小要根据棚内温度来掌握，高于30℃时多通风，使温度保持在28～30℃，到温度降低至20℃时闭风，避免因通风导致温度下降，影响蔬菜正常生长。

（3）适当覆盖

为减少棚内土壤水分蒸发，可用地膜、稻草、炉灰渣等对地表进行全部或部分覆盖，这样既可降低空气湿度，又能提高地温，还可以防止土壤板结，从而营造一个有利于蔬菜生长而不利于病害发生的环境条件。

另外，大棚薄膜宜采用无滴膜，以减少膜上水汽的凝结，通过改善透光条件等也能降低湿度。

9. 多雾天气大棚蔬菜如何管理

大雾弥漫之日，常伴随着低温、高湿、寡照，这对大棚蔬菜的生长发育极为不利，且容易诱发各种病虫害。一般来说，遇到多雾天气，需采取以下措施对蔬菜大棚进行管理。

（1）保温防冻

雾天要适当增加覆盖物，防止蔬菜受冻。遇到持续阴、雾天气，覆盖物要适当晚揭，揭开后还应注意观察棚内温度变化，如果稍有下降，应及时覆盖；稍有回升，可以在下午2时以前再把覆盖物重新盖好；如果棚内温度持续下降，要进行人工加温。遇连续阴、雾天后骤然晴天，在揭去覆盖物后还要注意观察秧苗变化，若发现萎蔫，应立即覆盖，恢复后再揭开，如此反复，经过2～3天，即可转入正常管理。若揭开不管，易造成"倒苗"。

（2）增加光照

雾天要注意保持棚膜清洁，以增加棚内进光量。同时要加强对大棚覆盖物的管理，通过适时揭、适时盖，充分利用阴天的散射光，使植株进行有效的光合作用。必要时，也可用40瓦的日光灯，三根合一起，挂在植株上方45厘米处，或将100瓦的高压汞灯挂在植株上方80厘米处，进行人工补光。

（3）控水除湿

大棚蔬菜自始至终都要严格控制浇水，尤其在雾天，一般不浇水，以防止土壤湿度过大出现伤根。如果棚内湿度过大，要及时通风排湿；不能通风时，可在行间撒草木灰或细干土吸湿。

（4）科学防病治虫

雾天防治大棚蔬菜病虫害，要注意选用对症、高效农药，并尽量采用烟雾法或粉尘法施药；如果采用喷雾法施药，要尽量减少防治次数，以降低棚内湿度。

10. 如何防止大棚西葫芦落花落果

（1）控制温度

在西葫芦开花结果期，温棚内气温白天要控制在 26℃ 左右、夜晚不应低于 15℃。

（2）调节光照

在西葫芦开花结果期应给予自然光照（11 小时左右）。管理上，可通过适时揭盖草帘，适当延长光照时间来增加光照强度。

（3）加强肥水管理

西葫芦喜欢比较湿润的土壤和较干燥的空气。但土壤水分过多时易发生徒长；空气湿度过大，则坐果不良，还容易诱发病害。如果植株叶片浓绿肥厚，只开花不结果，需严格控制肥水，并用较大土块压住蔓头，抑制植株疯长。如果植株瘦弱，叶片黄且薄，需增加肥水，摘除第一雌花，以促进营养生长。另外，还要加强通风，降低棚内湿度，以防肥水过多引起温棚内湿度过高而诱发病害导致落花落果。

（4）及时防治病虫

西葫芦开花以后，要定期施用农药，并及时清除败落花瓣及病叶、老叶,以防病菌感染传播。一般是在西葫芦果实顶端花瓣着生处,涂抹一层多菌灵粉剂,以防止病菌从此处侵染果实而造成脱落。同时,要适时采取化学控制,即在上午 10 时左右,选择将要开放的雌花,用 20 ppm* 的 2,4-D 和 30 ppm 的赤霉素混合液蘸花,以促进果实膨大,防止受精不良引起花果脱落。

(5)适补肥料

当西葫芦初现花蕾时,每隔 10 天左右,对叶面喷施一次叶绿素或"喷施宝",这样可防止因硼等微量元素的缺乏引起花果发育不良和落花落果。

11. 温棚蔬菜遇春暖年份注意啥

春暖年份对温棚蔬菜的管理应注意以下几个方面的内容。

(1)防侵染性病害

暖春天气易使温棚内呈现高温状态,易诱发蔬菜真菌性病害发生。常见的病害主要有西红柿叶霉病、早疫病、灰叶斑、灰霉病等。管理时,要加强温棚内的通风排湿,并及时采取药剂防治,可选用的药剂有"速克灵"、"甲基托布津"、"福星"、"万兴"等,这些药剂可根据不同的病症交替施用。按各种药品的使用说明书使用即可。

对于高温、高湿情况下,细菌性病害发生较重的温棚,如发生西红柿细菌性溃疡病、甜瓜细菌性软腐病、瓜类蔬菜上的细菌性角斑病等的温棚,要及时采用药剂防治,可选用的药剂

---

* ppm 是百万分浓度的意思,即表示百万分之(几),常被用来表示一些较小量。如 1 ppm 即表示 100 万千克溶液中含有 1 千克溶质。ppm 为国家标准非许用单位

有"链霉素"、"新植霉素"、"噻枯唑"、"杜邦泉程"、"可杀得"、"铜高尚"等。

对于高温、干旱情况下,病毒病发生较重的温棚来说,首先要防治虫害,其次喷洒叶面肥和植物调理剂(如"丰收一号"),再就是喷洒病毒类药剂如"新世生"、"病毒 A"、"病毒威"、"菌克毒克"等药剂。另外,多喷洒清水也可有效预防病毒病。

(2)防生理性病害

大部分蔬菜由于生长期及高温强光照等原因,常出现早衰情况。大部分蔬菜在浇水或冲施肥料后,会出现植株萎蔫现象。

管理方法:

去掉老叶,同时喷施"绿博莱"钙镁型叶面肥或"绿芬威2号、3号"或"金回报"等药剂。

(3)防虫害

暖春天气气温的快速升高,为虫害的发生提供了有利条件。温棚常见害虫主要有白粉虱、蚜虫、蓟马、斑潜蝇、螨虫等,而菜青虫、小菜蛾、夜蛾类、棉铃虫、烟青虫等则刚开始活动。随着地温的升高,地下害虫如线虫、蛆类的危害也会加重。

防治方法:

可喷洒"一遍净"、"吡虫啉"、"啶虫脒"、"万灵"、"阿维菌素"、"螨即死"、"印楝素"或"印楝乳油"等药剂进行防治,也可用阿维菌素类药剂、"印楝素乳油"或"辛硫磷"及"乐斯本"等进行灌根或随水冲施来防治地下害虫。

(4)防高温

一般来说,暖春天气往往是春光明媚,光照较强,温棚内气温上升迅速,中午前后甚至会猛蹿至 40℃ 以上,此时多种蔬菜会因高温而受害,如辣椒及茄子会发生日灼病,并诱发多种病害。

防治办法：

①可采取覆盖遮阳网、往棚膜上喷洒降温剂，或往温棚薄膜上撒泥点以及甩墨汁的方法来进行遮阴降温。

②喷洒清水，即适当向蔬菜喷洒一定量的清水，不仅能补充蔬菜生长所需要的水分，还可减轻蔬菜萎蔫。

(5)防肥水施用不当

目前，有些菜农习惯施用以碳铵或尿素为主的高氮肥料，也有的习惯往温棚内冲施鲜粪等。虽然，这些肥料具有一定的肥效，但高氮肥料易造成土壤板结或熏坏叶片，而冲施鲜粪则会造成土壤中蚯蚓大量出现等，从而影响蔬菜正常生长发育。

解决办法：

综合施用各种有机无机肥料，掌握平衡施肥。通常以冲施高钾肥料为主，如"挪威海德鲁高钾复合肥"、"美国螯合生态复合肥"或"中农高钾复合肥"等，并适当减少施用量。

12. 大雪天气后大棚蔬菜如何管理

降雪对大棚蔬菜的危害，主要表现在三个方面。

(1)机械损坏

由于雪的重力作用，积雪过厚往往可将结构不坚固的大棚压垮。据测算，当积雪厚度为 20 厘米左右时，每平方米雪的重量可达 20 千克，则每亩*大棚棚顶雪的重量可达 13 吨以上。

(2)光照不足

下雪天，阳光本来不足，再加上为了棚室保温，棚外又要加盖若干层草苫等覆盖物，使棚内光照严重不足，导致蔬菜光

---

* 亩为国家标准非许用单位，1 亩＝666.6 平方米

合作用无法进行。

(3)冻害

俗话说:"下雪不冷化雪冷",降雪过后往往伴随着强低温,若管理不当易使大棚蔬菜遭受冻害。

遇到上述天气应采取何种措施呢?

(1)改进大棚结构

有条件的可采用钢筋和混凝土骨架结构的大棚,若采用的是竹木和塑料管构架,应认真测试其负荷,宜采用拱形设计,以增强支持能力。同时,棚顶应有一定坡度,不易形成积雪。

(2)及时扫雪

白天降雪,要盖好苇毛苫,再在上面加盖草苫,雪停后立即清除积雪。夜间降雪,次日清晨雪停后应及时扫雪,保持覆盖物干燥。雪特别大时,不管是白天还是晚上,都要随下随扫,防止积雪过厚压垮大棚。

(3)加强覆盖物的管理

雪后应及时揭去覆盖物,尽可能使秧苗多见光。连续阴雪天后骤然转晴,揭去覆盖物后要注意观察秧苗变化,若发现萎蔫,应立即用苇毛苫盖好,恢复后再揭开,如此反复,经过2～3天,即可转入正常管理。若揭开不管,易造成"倒苗"。

13. 棚室常见异常菜苗的形成原因与预防

春季用塑料温室大棚繁育各种蔬菜秧苗,是获取优质健壮菜苗的主要途径。但由于塑料温室大棚的小气候环境近似封闭,加之易受春季多变天气,尤其是春初突发的寒冷雨雪天气的影响,室内环境条件常会出现异常波动,如出现高温、高湿、低温等,从而影响菜苗的正常生长发育,使菜苗表现出徒长、矮化或沤根等,直接影响到菜苗的品质,有时还会致使菜苗繁育失败。因此,在管理中,要根据菜苗出现异常的原因,采取相应对策加以防范。

(1)矮化苗

俗称"僵苗",其形状为菜苗矮小、茎细、叶小、根少,移栽后不易生新根,定植后缓苗慢的形成原因是,温棚内气温长期偏低,菜畦内供水供肥严重不足而发生干旱。

防御方法:

应根据各种菜苗生长发育的适宜温度指标,采取措施提高棚室内的温度。如西葫芦育苗的适温是 25～28℃,黄瓜育苗的适温是 18～29℃,番茄育苗的适温是 20～25℃。在管理上,要做到促控结合,炼苗适度,保证水肥适度供应。另外,对已出现僵苗的菜畦,可对叶面喷施 5 万～10 万倍的赤霉素溶液或浇施 2 000 倍的"802"溶液,以促秧苗转化。

(2)冻害苗

原因是遇突然的大风强降温天气,温棚保温措施不够,致使温棚夜间室温低于 0℃,使幼苗受害或其细胞组织结冰、脱水。表现为叶片翻卷、变色,局部出现斑点及坏死现象,天晴朗后,受冻叶片呈开水浸烫状。

防御措施:

平时要注意天气变化,及时防寒保温,适时对菜苗进行大温差管理,并增施磷钾肥,以提高菜苗自身的抗寒、抗冻能力。另外,一旦出现受冻苗,要及时缓慢为温棚升温,或向幼苗喷洒清水等,以作挽救。

(3)沤根苗

发生原因是温棚内空气湿度过高、土壤湿度过大,且气温低,光照不足,苗床土壤板结,致使幼苗根系缺氧,发生酒精中毒窒息死亡,表现为地下根系褐变或腐烂,地上部分日出后萎蔫,叶缘枯焦,并易诱发炭疽病。

防御措施:

适时为温棚升温,采取措施降低湿度,严格控制浇水。降低湿度的方法有:①向菜畦撒施干细土;②室外开沟;③畦面覆干草;④适时通风等。出现沤根苗后的挽救措施是:及时对叶面喷施 0.2% 的磷酸二氢钾水溶液。

(4)徒长苗

蔬菜出苗后,遇春季连续晴暖天气,温棚内气温常在菜苗生长发育适宜温度的上限波动,相对偏高,且苗畦虽土壤水分适宜,但光照相对不足,氮肥又施用过量,这一系列因素致使菜苗生长发育加快,呈现徒长苗。徒长苗的表现为菜苗纤弱、叶片肥大、色淡而薄、茎细长、根系少。

防御措施:

做好增光、排湿工作,把棚温控制在适温下限,并及时分苗,抑制其生长。必要时还可叶面喷洒"矮壮素"或"缩节胺"进行化学控制。

(5)烤苗和闪苗

出现"烤苗"和"闪苗"的原因是苗期遇连续阴雨天气,菜苗多日不能见光,但在天气转晴后又揭苫不当,致使菜苗受到强光照射,加之棚内升温过快,导致幼苗叶片迅速失水。"烤苗"、"闪苗"的表现为叶片萎蔫,渐呈水浸状,叶缘干枯,干尖,叶色发白,甚至干裂等。

防御方法:

天气骤然放晴后,应采取放下部分草苫遮光、揭开部分草苫见光的措施,使菜苗慢慢适应强光照射,并结合通风降温,使温棚室温保持在 22~24℃。之后数日,遮光草苫的数量和时间可逐渐减少,接受光照的时间逐渐延长,使菜苗逐渐增强适应强光环境的能力。另外,在出现"闪苗"时,可向菜苗叶片喷施 0.5%~1.0% 的食醋水溶液或 0.3% 的光合微肥水溶液,以减少菜苗的呼吸强度,使菜苗在吸水条件下还原,尽快恢复。

14. 温棚蔬菜遇冬春低温天气咋办

低温危害的表现

(1)叶片受害

叶片受害往往属于轻度受害,如果在子叶期受害,表现为子叶边缘失绿,出现镶白边,温度恢复正常后,不会影响真叶生长。定植后,若遇到短期低温或冷风侵袭,植株会有部分叶片边缘受冻,呈暗绿色,渐渐干枯。

(2)根系受害

冬春季节,大棚内气温低,地温常降至低于根系生长适温的下限,导致根系停止生长,不能增生新根,部分老根发黄、逐渐死亡,造成沤根。但当温度骤然上升,植株则出现萎蔫或生长速度减慢。如果受害严重,则难以恢复生长,需重新换苗。

(3)生长点受害

蔬菜生长点受害属于较严重的冻害,往往造成顶芽受冻,不发新叶。这种情况在天气转暖后,如不能恢复,则需另行补苗。

(4)花、果实受害

蔬菜开花期遇低温天气,会影响授粉效果,或不能受精,造成大量落花落果或畸形果。

预防低温危害的措施

(1)苗期要做好低温炼苗

苗期低温锻炼可从种子萌动开始。在种子催芽时，温度要先稍低，后逐渐提高到各类蔬菜种子的发芽适温，待到种子萌芽后再降温。这样幼芽既粗壮又得到了锻炼。秧苗生长期间，要严格控制温度，不使温度过高而造成幼苗细弱、徒长，并采取大温差育苗措施，提高秧苗的抗逆性。在分苗和定植的前2天，苗床还要加强通风，进行秧苗低温锻炼。

　　（2）严格掌握好定植时期

　　为促进定植后的蔬菜及时缓苗，在冬春季节要注意收看天气预报，选择"冷尾暖头"天气定植，以利于定植后迅速缓苗，增强其抗逆性。

　　（3）加强覆盖保温

　　菜苗定植后遇低温天气，可采取的保温御冷措施有：①在棚内扣小拱棚，即用细竹竿等作拱架，夜间覆盖薄膜。有条件的，可在薄膜上覆盖草苫。②在大棚内覆盖地膜，以增温保湿。③在大棚内的底部用塑料膜作围裙，以减少底部的冷空气侵袭。④在大棚内设天幕，增强保温效果。⑤填堵大棚各处缝隙，尽量减少缝隙散热。

　　（4）人工临时加温

　　当大棚内白天气温低于15℃、夜间气温低于8℃时，蔬菜就有可能发生寒害或冻害，这时要采取临时性加温措施，具体方法是：在棚内远离蔬菜处，点燃干秸秆或锯末等进行烟熏，或在棚内点烧蜂窝煤炉，以有效提高大棚温度。但要注意及时通风排除有害气体。条件允许的，可在棚内用照明或临时成套加温等设备补充热量。

　　（5）加强低温危害后的管理

　　蔬菜在遭受到不同程度的冷害或冻害后，在晴天揭草苫前，要先在叶面上喷些清水，使棚温缓慢升高，或逐渐揭开草苫,使幼苗逐渐见光,以免发生"闪苗"现象。

另外,为促进缓苗,还要注意提高地温。可采取的措施是掀开地膜,适当控制浇水量,以及及时松土,并适当增加光照时间。

15. 温棚蔬菜栽培咋防异常天气

温棚栽培蔬菜应防御以下几类异常天气。

（1）阴冷天气

冬季或早春,在温棚蔬菜栽培过程中遇到持续低温或寒潮天气时,苇苫、草苫等覆盖物要适当晚揭。揭苫后要注意观察畦温变化,若畦温稍有下降,应及时覆盖;若畦温稍有回升,可以在下午 2 时以前再将覆盖物重新盖好。为加强夜间温棚保温性能,可以适当增加苇苫片数,增厚覆盖物。苇苫不足时,可加盖草苫。生产实践中,遇到阴冷天气时,常见不少菜农整天甚至连续数日都不揭开覆盖物,这是欠科学的。这样易使秧苗生长衰弱、黄化,尤其是在天气回暖后,揭苫见光时,最易造成蔬菜萎蔫死亡,也即俗称的"闪苗"。

（2）大风天气

白天要把透明覆盖物固定好,防止被风吹走。夜间要盖严、盖实,必要时把苇毛苫、草苫等压紧,否则,一旦被风刮掉,秧苗极易受冻。秧苗生长的中、后期遇南风天气,虽气温较高,但仍要注意避免冷空气从通风口直接吹入畦内,对秧苗造成直接伤害。必要时,可在畦子的里口通风或者采取背风向开窗并在窗口上加盖草帘,达到"换气不吹风",以避免风害。

（3）夜间降温天气

在深冬及早春,由于受季风气候影响,往往会在连续晴暖天气后,出现突然寒潮,形成夜间强降温,此时若对温棚管理稍有疏忽,便会遭受损失。因此,平时要注意收听天气预报,遇有夜间强降温天气,要事先把苇毛苫、草苫等覆盖物盖严、压好;若降温幅度较大,则要适当增加覆盖物厚度。

(4)连阴雨天气

遇此天气,阳光少,菜畦内土壤湿度大,温棚内空气湿度较高,常会引起蔬菜徒长,甚至引起病害流行。因此,在管理上,不论阴天还是雨天,都应揭去草帘,并于小雨间隙,将温棚前沿的草苫揭开 1~1.5 米宽以透光。需要注意的是,从揭至盖苫的时间,不宜太长,以在 10~14 时进行为宜。

(5)阴天无雨雪天气

这种天气有三种类型。一种是当天空云层较薄,太阳位置可辨,地面物体有影。出现此类天气,温棚内的热量来源——太阳辐射,仍含有直接辐射光,温棚内光照强度仍超过 1 万勒克斯,并可形成 5℃以上的升温,此时盖苫可适当提前。另一种是天气阴、云层较薄、太阳位置可辨,但地面物体无影。此时太阳光几乎都属散射光,室内光照强度可达 6 000~10 000勒克斯,能使室温提升 4℃左右,当日揭苫需要适当推迟。第三种是天气阴、云层较厚、太阳位置不可辨。此时温棚内光照度明显减小,但一般仍有 3 000 勒克斯以上,已超过黄瓜的光补偿点,室内升温幅度仍能达到 1~3℃,当日揭苫完毕至盖苫,在冬季可安排在 10~15 时进行。

16. 温棚番茄遇热害如何应对

温棚番茄生产实践表明,在初春连续晴好天气期间,温棚内在中午前后极易出现 35℃甚至 40℃以上的高温热害。若再遇上春暖,到了夜间,温棚内的温度往往会维持在 20℃以上,此时常会引起番茄茎叶损伤以及果实异常。表现症状是:

初期叶片褪绿或叶缘呈漂白状，后期呈黄色。轻度受害仅叶缘呈烧伤状，重者则半片叶或整片叶表现出受害症状，进一步发展则会萎蔫或干枯死亡。

另外，番茄生长发育遇到 30℃ 的高温时，光合作用强度会降低；遇到 35℃ 的高温时，开花、结果将会受到抑制；遇到 40℃ 以上的高温时，则引起大量花果脱落，而且高温持续时间越长、花果脱落越严重。在番茄果实成熟时，若遇到 30℃ 以上的高温，茄红素的形成将减慢；超过 35℃，茄红素则难以形成，表面出现绿、黄、红相间的杂色果，导致番茄果实的商品性大大降低。

温棚番茄热害的防止措施

（1）通风

方法是揭开温棚向阳面的裙膜，打开温棚北部通风窗，进行通风换气，以降低叶面温度。

（2）遮光

方法是将保温用的草苫隔一行盖一行，或在棚膜上短时覆盖遮阳网遮阴，从而有效避免强光照射引起的温棚内气温急剧升高。

（3）喷水降温

即在上午 11 时前后，温棚气温尚未上升到最高时，及时对叶面喷洒清水，以适当控制番茄叶面温度升高。但要注意，在温棚内湿度较高时，不宜使用此法。

（4）化控

①喷洒 0.1％ 的硫酸锌或硫酸铜水溶液，可提高植株的抗热性，增强抗裂果、抗日灼的能力；

②用"2,4-D"浸花或涂花，可有效防止番茄出现高温落

花,还能促进子房膨大。

17. 如何防御温棚番茄弱光症

番茄弱光症主要发生在冬春季节,是因光照不足引起的一种生理病害。

受害番茄的表现症状是生长发育缓慢,若在开花结果期遇到光照减弱,会导致花粉量减少、淀粉粒变小,花粉发芽率下降,雌蕊的花柱因发育不良而受精能力下降,致使大量落花。

另外,在弱光条件下,若温棚内温度又较高,已坐着的果实发育也会受到抑制,表现为单果重量减轻、空洞果、果腐病果增多。

温棚番茄弱光症的防治措施:

①尽可能地改善温棚内的光照条件,如在后立柱垂挂聚酯镀铝膜或在地面铺设银灰膜与铝箔。同时,日常管理要保持棚膜清洁,防止膜面附着水滴、尘土以及其他杂物。

②定植时,要适当加大株、行距,减少株间遮光。

③在番茄生长中、后期的中午前后,当棚外气温达到15℃时,要适当揭开部分棚膜,让阳光直接射入棚内。

另外,番茄在开花坐果期及时整枝打杈,摘除老叶、病叶及遮光严重的叶片,若遇连续阴雨雪天气,还要适当补充人工光照。

18. 如何防御温棚蔬菜连阴天后骤晴出现萎蔫

在温棚蔬菜的生产中,常会遇到一段连续阴雨雪后突然放晴的天气,因太阳光照强烈,在揭开草苫后,温棚的蔬菜易出现萎蔫。当拔出根系后会发现,大部分植株的根系生长较差,根尖发烂,有的已出现根腐病;有的植株根系虽然正常但也出现萎蔫。

产生萎蔫的主要原因:

①在连阴雨雪天条件下,蔬菜已适应了弱光的环境,晴天后突然接受强光照射,蔬菜植株蒸腾过快、水分损失过多而出现生理性萎蔫。

②在连续的阴雨雪天气下,温棚内光照弱,蔬菜不能进行正常的光合作用,蔬菜消耗水分减少,生长缓慢甚至停止生长,继而伴随着气温的下降,地温也会降低,从而导致蔬菜根系生长不良甚至出现烂根,突遇天气晴朗,出现烂根的蔬菜会很快表现出萎蔫现象。

防御蔬菜出现萎蔫的措施:

①在连阴雨雪天气前一天,如果是晴天,温棚蔬菜不要浇水,否则容易造成温棚内湿度过大,从而引起根系生长不良或发生根腐病而萎蔫。

②连续阴雨雪天气,一般常伴随气温下降,蔬菜生长发育将减缓或停止。因此,在温棚蔬菜管理上,不能随意施用过多的化学肥料,尤其是氮肥如磷酸二铵、尿素、高氮复合肥等,以免导致蔬菜根系生长不良。正确的方法是多施用生物有机肥,如沃达丰生物肥、辰丰生物肥、龙飞生物肥等,以促进根系发育和生长。另外,必要时温棚内设补光灯或铺设反光幕以补充光照,保证蔬菜的正常生长。

③科学揭苫:通常在连阴雨雪天后突然晴天,不能立即拉开全部草苫,以免植株因接受强光引起蒸腾过快而出现萎蔫。正确方法是,先隔几行拉开草苫或先拉开一半草苫,避免植株大量接受强光,如此2~3天后,再恢复正常管理。

④及时挽救:已经出现萎蔫的植株,要及时进行喷水以补

充水分,同时可进行药剂灌根。具体方法:用"甲基托布津"、"恶霉灵"、"乙膦铝·锰锌"或"杀毒矾"等药剂中的任一种,加入"海力"、"甲壳丰"、"阿波罗963"或其他生根剂中的一种,混合后进行灌根,可促进蔬菜生根,并能提高根系的吸收能力,有效减少蔬菜出现萎蔫现象。

19. 如何防御棚室番茄烂果、落果病

烂果、落果病是温室番茄栽培的两大病害。

(1)烂果病

出现烂果病的原因:

①菜田土壤干旱,致使幼果因缺水发生脐腐病。

②果实膨大期的施肥不科学,氮肥多而磷钾肥不足,尤其是缺乏钙肥,严重阻碍了幼果脐部细胞的正常生理活动,无法形成果脐钙,使果实抵抗外界不良气象条件的能力减弱,患上脐腐病。

③由真菌引发的晚疫病,致使青果产生暗褐色病斑而不能食用,对产量影响很大。

烂果病多发生在果实膨大期,以及保水性差的新园及重茬地块,但碱性过重的田块也会诱发脐腐病害。晚疫病多发生在未成熟的青果上,后期温棚内潮湿时,常出现白色霉状物病斑。通常棚室内空气相对湿度在80%以上,气温在15～20℃时,最易发生烂果病。

烂果病的防御措施:

①合理施肥:棚室栽培番茄,除施足腐熟的有机肥作底肥外,每亩还应施入30～40千克的过磷酸钙或钙镁磷肥作底肥,以防土壤缺钙。

②适时进行地膜覆盖:覆盖地膜既可提高菜畦地温,促进

根系发育,增强根系的吸肥水能力,又可保持土壤水分的相对稳定,减少钙质营养向地表积聚。

③叶面喷肥补钙:番茄坐果后,对叶面喷施 2% 磷酸钙或 1% 的氯化钙水溶液 2～3 次,每次间隔 10～15 天,能有效防御落果病的发生。

④撒施草木灰:通常情况下,每亩用 200 千克的鲜草木灰,结合中耕松土混施于 7～8 厘米的土层中,既可为番茄提供钾素营养,又能疏松土壤,杀灭沤根病菌。

⑤适期喷药保护:在发病初期,或出现连续阴雨天气时,要及早用药防治。常用药剂有 1：1：200 倍的"波尔多液*"、75%"百菌清"600 倍溶液、40%"乙磷铝"200 倍液、70%"代森锰锌"400～600 倍液,每隔 7 天,用药一次,连喷 2～3次。药液以喷在植株的中上部叶片和果实上最佳。

(2)落果病

低温落果病的产生原因:

春季番茄在开花期遇到 15℃ 以下的低温,致使番茄正常发育机能受阻就会发生低温落果病。一旦出现此病,轻则引起品质下降、减产,重则严重减产甚至生产失败。

低温落果病的防御措施:

一是在番茄花期,用毛笔蘸 15～20ppm 的"2,4-D"水溶液,逐花涂抹整个花序。二是在番茄开花期,用小喷雾器对花逐个喷洒或用毛笔逐个涂抹 10～25ppm 的萘乙酸药液。三是在番茄开花期,用小喷雾器逐株喷洒 40ppm 的"番茄灵"水溶液,均可起到较好的防御效果。

---

* 波尔多液是一种无机铜素杀菌剂,具有广谱性、持久性,且病菌不会产生抗性,对人、畜低毒等特点,是应用历史最长的一种杀菌剂。

20. 温棚番茄死苗的原因与防治措施

温棚番茄常见的死苗现象有生理性死苗和枯萎病死苗两种。

（1）番茄生理性死苗

在久阴初晴的中午,零星植株的上部叶片及生长点发生萎蔫,但早晚能恢复正常,且叶片上无明显的病斑,这是番茄生理性死苗的早期症状。当病情发展后,会出现整棚萎蔫,严重的植株甚至会全株死亡,此时拔出病株,可见根系未出现异常,仅部分侧根呈黄褐色,但有别于根腐病。随着病情的进一步发展,根系会全部变黄、腐烂,茎上部出现空心现象,但茎中维管束不变色,中下部无异常现象,有别于枯萎病和青枯病。

防治生理性死苗方法：

①轮作:栽培前将土壤深翻 25 厘米以上,并施用免深耕土壤调理剂,每亩用量 200 克,加水 100 千克均匀喷施于地面,可使 50～100 厘米的土层疏松通透,能有效促进根系的生长发育,减轻病害的发生。

②药防:可喷芸薹素——"硕丰 481"10 000 倍水溶液一次,以促进秧苗进行光合作用,制造更多的养分,保证根系生长发育所需。

③合理施肥:追肥应氮、磷、钾结合施用,以确保秧苗养分均衡,提高个体抗性。

④科学管理:初冬大棚、温室在放风时,对风量的控制应做到由小至大、循序渐进,切忌突然放大风。如果已出现生理性萎蔫现象,应在日照较强的中午及时覆盖草苫子,以降低光照。同时,还要及时打顶,以抑制旺长、疯长,再适喷 0.2％ 的磷酸二氢钾水溶液一次,以增强秧苗素质。另外,定植密度要

适当,不要过密;定植后中耕时,要避免伤根。

（2）番茄枯萎病死苗

在开花结果期植株生长缓慢,下部叶片变黄,逐渐向上发展,中午叶片萎蔫,夜间能恢复。如此反复数日后,全株萎蔫枯死。有时还会出现半株发病、半株健全现象,当病情急剧发展时,则全株萎蔫。病株茎基部表皮多纵裂,节部和节间出现黄褐色条斑,常流出松香状的胶质物。若温室环境潮湿时,病部会长出白色与粉红色的霉层,根部变黄褐色、腐烂,极易从土壤中拔起。横切病茎,可见维管束呈褐色。

防治枯萎病死苗方法:

一是农业防治:①选用抗枯萎病的品种。②实行与非茄果类作物 3～5 年以上的轮作。③苗床 2～3 年应调换一次,或改换新土;在重病区或重茬地,应结合整地,每亩施入熟石灰粉 80～100 千克,抑制病菌发展。④在下雨或浇水时,施用免深耕土壤调理剂,促使深层土壤疏松通透,降低土壤上层的病菌浓度,减轻发病。⑤育苗催芽前,应进行种子消毒。常用方法有:温汤浸种、干热处理(将干种子在 70～75℃ 的恒温条件下处理 5～7 天)。⑥利用高温杀菌,即在夏季整地、起垄后,先铺盖地膜,再密闭大棚,利用阳光使 20 厘米以上的地温达 45℃ 以上,消灭多数枯萎病菌。⑦应选择地势高燥的田块作栽培地,尽量利用高畦或半高畦栽植。⑧日常管理要控制浇水量,进入雨季要及时排水,谨防涝害。⑨进行氮、磷、钾配合施肥,防止缺肥或氮肥偏多而诱发枯萎病。

二是药剂防治:发病初期可用 50%"多菌灵"可湿性粉剂 500 倍水溶液,或 50%"甲基托布津"400 倍水溶液,或 10%"双效灵Ⅱ"水剂 200～300 倍液,或"农抗 120"的 100 倍液,或 48%"瑞枯霉"水剂 800 倍液灌根防治。方法:每株灌药液

0.25千克,每10天1次,连续2～3次即可。

21.温棚黄瓜化瓜的原因与防治措施

黄瓜雌花未开放或开放后子房不膨大,迅速萎缩变黄脱落,称为化瓜。生产实践表明,温棚黄瓜出现化瓜现象是由环境条件、栽培季节及品种等多方面因素引起的。其防治措施,可依据原因而定。

(1)对于环境气象条件引起的化瓜

如育苗期温度过高或过低,以及干旱缺水、光照不足等,都可导致花芽分化不良,从而导致化瓜,对此可采取培育壮苗的办法来解决。方法是在育苗期内严格控制温度、湿度、光照及肥料。其中,因苗期低温造成的化瓜,可采用叶面喷1%磷酸二氢钾、1%葡萄糖和1%尿素混合液来补救。为防止苗期徒长造成化瓜,可在瓜苗长至1叶1心和3叶1心期,用每千克含150～200毫克乙烯利的水溶液喷洒秧苗。

对于生育期中因高温、干旱、缺肥或氮肥过多造成的化瓜,可采取降低温度,适时灌水,增施磷钾肥的办法解决。一般可采用灌人粪尿(每亩施用500～700千克)和叶面喷施0.3%磷酸二氢钾、0.5%尿素和1%葡萄糖的混合液来克服氮肥过多造成的化瓜。

对于连续低温、阴天引起的化瓜,可采取①1%磷酸二氢钾、1%葡萄糖和1%尿素的混合液叶面喷施(主要在苗期使用)。②越冬茬黄瓜,在结瓜期用每千克含100毫克赤霉素的水溶液喷花。③在黄瓜开花后2～3天,用每千克含500～1000毫克细胞激动素的水溶液喷洒小瓜,既能加速生长,又能防止化瓜。④在黄瓜7叶时,可叶面喷0.2%的硼酸水溶液进行保瓜。另外,在每千克水中,混入50～100毫克的赤霉素、40毫克的萘乙酸,形成混合液,用毛笔顺瓜涂抹或点涂雌花,或用手持喷雾器喷瓜,能减少化瓜,且瓜条膨大速度快,增产又增收。

(2)对于因栽培措施不当引起的化瓜,如植株营养生长过旺,抑制了生殖生长,营养集中在茎叶上时,特别是在甩蔓期,过早地追肥浇水,往往使根瓜化瓜而发生徒长。防治方法:可采取协调生殖生长和营养生长的办法来解决。如推迟追肥和浇水期,控制氮肥的施用等。已发现植株生长偏旺、造成化瓜时,可喷施每千克水中含有100毫克乙烯利的水溶液,以促进雌花的发生;当植株节间过长,生长细弱,有徒长迹象时,可喷每千克水含有20毫克矮壮素的水溶液。

若是因密植引起的化瓜,可采取合理密植的方法来解决。一般来说,春早熟黄瓜的栽培密度以每亩4 000株为宜、秋延后黄瓜的栽培密度以每亩5 000株为宜、越冬茬黄瓜的栽培密度以每亩3 500～4 000株为宜。

(3)对于病虫害危害引起的化瓜。霜霉病、白粉病、炭疽病、角斑病、枯萎病、灰霉病等病害和蚜虫、白粉虱等虫害严重时,引起的化瓜,可通过加强病虫害的防治,喷施一些植物生长调节剂和加强肥水管理,提高黄瓜抗病性,促进健壮生长等方法来解决。在黄瓜上常用的植物生长调节剂主要有:1∶500倍液绿风95,1 000倍液的植物动力2003等。

(4)对于品种结实力较强,而营养跟不上引起化瓜。防治方法是:栽培中根据不同季节,不同的栽培设施,选用合适的栽培品种。一般在秋后,冬春、春季温棚栽培中,可选用津杂2号、津杂4号、津春3号、津优1号、津优2号、津绿3号。

22. 温棚冬春茬黄瓜生理性病害的防治

常见的生理性病害主要有哪些？又如何防治呢？

（1）低温生理病害

这是指黄瓜在生育过程中，遇到长期低于其生育适温或短期降温的天气，导致其生育延迟或减产甚至发展成冷害的生理性障碍。低温生理病害在冬春茬黄瓜盛瓜期，特别是冷冬年份发生普遍。

主要症状是在黄瓜株高 1.2～1.4 米，温棚内最低气温低于 5℃，10 厘米地温低于 12℃时，黄瓜植株长势缓慢甚至停止生长，叶片枯黄，结瓜少而小，有的叶片呈水渍状，干枯或枯死。有时还可诱发菌核病、灰霉病和煤污病等低温型病害。

发生此病的原因，一是低温造成植物光合作用减弱；二是气温、地温过低致使植株呼吸强度下降；三是低温影响了黄瓜根系对矿物质营养的吸收和利用；四是低温造成营养运转不正常；五是低温引起黄瓜生理失调。另外，黄瓜生殖生长受抑制、根毛受抑制等，也会引发此病。

防治方法：①选用耐低温品种。如"长春密刺"、"新泰密刺"、"小八叉"等。②利用黑籽南瓜嫁接，可明显提高抗寒能力。③适度蹲苗，控上促下，促使深扎根、多扎根。④建造适合本地的温室，确保温棚遇到连续强降温天气时，内部最低气温不低于 8℃。

（2）黄瓜叶片急性萎蔫病害

此种病害主要是在温棚内气温、地温均高，特别是地表温度达 35℃以上时，黄瓜植株因体温失调，出现叶片萎蔫的一种生理性病害。

防治方法：①黄瓜定植前 15～20 天浇足底墒水，并平整田地,确保土壤深、透、细、平、实。②黄瓜定植时,要先定植后覆地膜,定植当天浇定植水,如果局部浇水不匀需补浇缓苗水。一般情况下,待到50%根瓜把变黑时,再浇催瓜水。③勤中耕松土。一般来说,从定植后到浇催瓜水,砂壤、轻壤土要中耕5～7次,中壤土要中耕3～4次。④利用黑籽南瓜作砧木,应选择亲和性强的黄瓜品种作接穗。目前,长春密刺、新泰密刺和小八叉等品种表现较好。⑤注意通风降温。4～5月份,温室内进入高温期,要严格掌握温棚室内温度,避免长时间处在35℃以上。⑥增施二氧化碳气肥。可选择在晴天的9时30分到11时30分,及时补充二氧化碳气肥,使温棚内二氧化碳的浓度达到每升空气含有1 000～1 200毫克二氧化碳为宜。

23. 棚室菜苗立枯病的发生与防治

在大棚、温室蔬菜育苗生产中,幼苗极易染发立枯病,即俗称的死苗病。立枯病常给蔬菜育苗造成较大的影响,轻则培育不出健壮的菜苗,严重时整个育苗床上的幼苗都会染病,若防治不及时,最终会导致育苗失败,直接影响到蔬菜的正常栽培。从生产实践看,易染立枯病的菜苗首先是辣椒苗,其次是茄子苗、黄瓜苗等。而这些菜苗都是棚室育苗的主要品种,因此,在秋冬蔬菜的育苗工作中,必须认真防范。

（1）立枯病的发病条件

立枯病是由真菌中丝核菌侵染所致,病菌在有机肥和土壤中可存活2～3年,以菌丝体或菌核在土壤中越冬,蔬菜种子、土壤和肥料都是直接传播者。病菌多从植株伤口或表皮侵入幼茎、根部,引起发病。另外,大棚、温室的环境条件较差,也是立枯病发生、蔓延的原因之一。如当大棚、温室内温

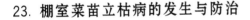

度较低而湿度过大、光照严重不足、通风又不良且二氧化碳缺乏时,蔬菜苗的营养合成能力将会受到限制,从而导致幼苗出现徒长而组织嫩弱,此时易染立枯病;倘若土壤水分忽高忽低,幼苗根系的正常生长也会受到抑制,极易诱发立枯病。

(2)幼苗发生立枯病的症状

发病初期,通常在茎基部一侧产生椭圆形褐色病斑,后逐渐扩大,当围茎一周时,病叶干缩并向根部扩展,最后植株死亡。此时拔起病苗,根部土壤脱落,种子腐烂。另外,当土壤潮湿时,病部还会产生褐色稀疏丝状菌丝体。

(3)防治方法

①种子消毒:用种子重量 0.3% 的 50% 多菌灵可湿性粉剂或其重量 0.4% 的拌菌灵拌种。

②床土消毒:床土要选用葱蒜茬或大田土与腐熟的有机肥按 1:1 配制,配制时还要用药剂灭菌消毒。具体方法:每平方米苗床可用 50% 多菌灵或 50% 甲基托布津 10 克,拌干细土 15 千克,或用 70% 五氯硝基苯和 50% 福美霜(或 65% 代森锌)各 5 克,拌干细土 15 千克,播种时下垫三分之一、上盖三分之二,并适量浇水,保持湿润,以免发生药害。另外,每平方米苗床还可用福尔马林 450 毫升兑水 10～40 千克均匀泼洒,再用塑料薄膜覆盖 5～7 日,除膜后将床土耕松,使药剂充分挥发后再播种。

③加强苗床管理:播种时要疏松土壤,合理密植,及时间苗或分苗,浇水宜适量,注意提高地温,防止苗床出现低温高湿环境,谨防立枯病发病适宜条件的出现。

④适喷微肥,提高幼苗抗病力:对幼苗适时喷施 0.2% 大肥王(含有多种微量元素的磷酸二氢钾)或直喷磷酸二氢钾水溶液,能显著提高幼苗抗病力,降低幼苗发病率。

⑤适时药防：在发病初期，全株喷淋 36％甲基硫菌灵悬浮剂 500 倍液，或 20％纹霉星可湿性粉剂 1 000 倍液，或 15％恶霉灵水剂 450 倍液等，均能收到较好的防治效果。

24. 如何防止温棚番茄果外观不良

在温棚春茬番茄生产中，特别是 4,5 月份，常见番茄果实出现烂肚、畸形、空洞、日灼斑、裂纹等外观不良现象，严重影响番茄果实的食用价值和经济效益。因此，必须根据番茄出现不良外观的原因，有针对性地加以防范。

（1）烂肚

温棚番茄果实烂肚，多系脐腐病造成。其发病原因有两种。一是果实膨大期间，施肥单一，氮肥多而磷钾肥不足，特别是缺乏钙肥，阻碍了幼果脐部细胞正常的生理活动，无法形成果脐钙，使果实抵抗外界不良环境条件的能力大为减弱而患脐腐病。二是田间管理不当，比如菜田板结，阻碍了根系对水分、养分的正常吸收，造成植株生理性缺水而发生脐腐病。要防御脐腐病，首先要合理施肥。除施足腐熟的有机肥作底肥外，还应每亩施入 30～40 千克过磷酸钙作底肥，以防缺钙。其次要深耕松土，深耕要达 25 厘米。再者，要合理排灌。在番茄生育期间，要始终保持土壤湿润状态，遇旱要小水浸灌，避免过干过湿。另外，坐果期还要叶面喷施 1％的过磷酸钙或 1％的氯化钙水溶液 2～3 次，间隔 10～15 日喷一次，可有效预防脐腐病的发生。

（2）裂果

温棚番茄发生裂果除品种原因外，主要是因高温、强光及菜田土壤水分变化剧烈所致。防止番茄裂果，一是要选育抗裂果的品种。二是要注意灌水，经常保持土壤湿润，避免出现干旱后,再大水漫灌造成土壤水分急剧变化。特别是番茄在结果期,对水分的需求量较大,此时应保持土壤湿润。若补水,切忌大水漫灌,特别忌出现旱情后再大水漫灌,那样易导致果实因吸水过多而暴胀裂开。三是加强田间管理,深耕松土,增施有机肥,并适当密植,适时整枝打杈、摘心。整枝时应保留果穗上方 2～3 片叶,以避免日光对果实的直接照射,引起果皮老化而裂果。另外,还可用 30ppm 萘乙酸与 8ppm 激动素混合液,在花瓣脱落后喷洒,或用 1‰ 的氯化钙溶液,在果实收获前 15～20 日喷洒,防止裂果发生。

(3)畸型

温棚番茄畸型果形成原因较多,如施用 2,4-D 或番茄灵保花保果时浓度过高,或处理花朵过早等,均会导致畸型果之一——尖顶果。防御措施:2,4-D 的施用浓度以 20～30ppm 为宜,番茄灵浓度以 50ppm 为佳,且宜使用一次,严忌重复使用。

对于椭圆型、偏心型、菊花型、多心型等畸型果,多是育苗期苗床温度过低造成的,特别是花芽分化期——约在 2～3 片叶时,受持续低温阴雨影响,再遇土壤水分过多、氮肥过量,使花芽细胞分裂旺盛,花器中心皮的数目增加过多,从而形成多心型的花。在结果后,因心室发育不平衡,就会形成这些畸型果。要防止形成畸型果,应适当控制育苗期间的温度。一般来说,夜间最低温度不能低于 8℃,白天在 18℃ 以上,同时控制苗床的氮肥用量和含水量,防止营养生长过旺,造成花芽分化不良而引起果实畸型。

(4)空洞果

番茄空洞果多系使用植物生长调节剂不当引起。如用植物生长调节剂处理未成熟的花蕾或使用浓度过高等。因此,要按使用说明书正确使用生长调节剂,并掌握好时间、浓度和范围。

(5)日灼斑果

番茄日灼斑果,主要是由于太阳直接照射果实,引起果实表皮温度过高所致。据测定,中午阳光强烈时,果皮温度有时甚至会超过 45℃,这就会造成灼伤,表现出较多的水斑点。其防止方法主要是避免阳光直接照射果实,可在定植时把花序安排在畦的内侧,并通过整枝打杈、打顶,保留适当叶片,以遮挡阳光对幼果的直接照射。另外,也可采用遮阳网或草苫适当遮挡阳光照射。

25. 温棚辣椒苗期主要病害的症状与防治

(1)猝倒病

症状:播种后即可发病。幼苗出土前发病引起烂种烂芽;幼苗出土后发病,茎基部初呈水渍状病斑,后变成黄褐色,逐渐缢缩成线状。幼苗染病时,有时子叶或苗还未凋萎,整苗就已猝倒在床面上。染病幼苗病情发展迅速,仅 2～3 天即可导致成片幼苗猝倒。当病田表土湿度较大时,病苗体表及附近床土上常可见一层白色棉絮状菌丝。

防治方法:①选择地势高燥、排灌方便、背风向阳的地块设置苗床。②要严格进行土壤消毒。具体方法:床土消毒可用 40%疫霉灵 10 克(或 5 克)拌床土 5 千克,先将三分之二的药土覆盖在苗床上,播种后再将其余三分之一的药土覆盖上,待药液充分挥发后才可播种。③种子要用其重量 0.2%的 58%瑞毒霉拌种。④日常要加强苗床管理,做好苗床的防寒保温,并适当通风、透光,保持适宜温度、湿度。⑤要及时药防。当苗床出现少数病苗时,应及时拔除,再喷药防治。常用药剂有 40％疫霉灵 300 倍液、76％代森锰锌 500 倍液、25％甲霜灵或 58％瑞毒霉 1 000 倍液等。

（2）立枯病

症状：发病初期病苗白天萎蔫，夜晚恢复，并在幼苗茎基部一侧产生椭圆形暗褐色病斑，逐渐内陷，扩展至绕茎一周后，病部干枯收缩，之后整株死亡。当温棚内湿度较大时，病部可见不甚显著的淡褐色蛛网状霉。但病部不长明显的白色絮状霉层，这是与猝倒病的明显区别。

防治方法：土壤处理可用 30％五氯硝基苯或 70％敌克松，每平方米 8～10 克拌于床土中。药剂防治可用 20％甲基立枯磷 800 倍液或 30％五氯硝基苯 1 000 倍液、70％敌克松 1 000 倍液喷洒防治。在栽培时可选用与猝倒病相同的防治措施。

（3）灰霉病

症状：幼苗染病，子叶尖端变黄，后扩展到幼茎。幼茎染病，病部缢缩变细，组织软化，表面生有大量灰色霉层，病部扩展到绕茎一周时，病苗折倒，上部枝叶枯萎、腐烂或枯死。叶片染病，病部腐烂或长出灰白色霉状物。成株期茎、叶染病与苗期相同。枝条染病，病部褐色或灰白色，有灰霉，病枝向下蔓延至分杈处。花器染病，花瓣褐色，呈水渍状，密生灰色霉层。

防治方法：①苗床设置和管理：选地势较高、排水方便的地块作高畦育苗床。加强大棚温室通风。②栽培防病：收获后和定植前应清除棚室内的病残体，定植后及时摘除病叶、病果并疏花、疏叶，减少菌源。结果后增施磷、钾肥。③药剂防治：播种时用 50％多菌灵可湿性粉剂与 76％代森锰锌等量混合，每平方米苗床用 8～10 克与 30 千克细土混匀，取三分之一药土铺底，播种后将余下盖在种子上。成株期用保果灵蘸花时加入 50％速克灵可湿性粉剂 1 000 倍液，也可用 70％托布津 800～1 000 倍液喷施。

（4）沤根

症状：初期病苗白天萎蔫，夜晚恢复，易拔出，老根变褐、腐烂，不发新根。病害轻时，秧苗生长缓慢；严重时引起地上部萎蔫死亡。

防治方法：选择背风向阳的坡地作苗床，注意苗床保温、通风透光。如遇通风和低温矛盾，可在畦的空隙处放置盛有生石灰的碗，以吸湿升温、改善畦内湿度和温度；同时施肥要均匀，不施未腐熟的有机肥料。

26. 温棚内常见气害的诊断与防御

冬春季节利用温棚种植蔬菜，基于保温的需要，蔬菜生长环境有时要长时间密闭，不进行通风换气，这样，难免造成温棚内有毒气体的大量积聚而危害蔬菜。轻则影响蔬菜的正常生长发育，重则使全部蔬菜一夜之间枯萎、死亡，损失惨重。

（1）常见温棚气害发生的原因

在温棚栽培中，一般会造成危害的气体有氨气、亚硝酸气、二氧化碳气。氨气主要产生于鸡粪、尿素、碳酸氢铵的分解以及土壤中氨的大量积累。二氧化碳气体的产生，主要在严寒时期，用燃煤加温未能适时换气通风，使二氧化碳气体在温棚内积累过多。另外，温棚棚膜在制造过程中，加入了一些增塑剂和稳定剂，如邻苯二甲酸、二异丁酯等，在使用中会散发出有毒气体，也会对蔬菜造成危害。

（1）常见有毒气体的鉴别

①氨气对蔬菜的危害，多发生在菜株外侧叶片上，尤以新叶受害为甚。受害叶端会产生水浸状斑，并逐渐萎蔫变黑、枯

死。不过,茄果类蔬菜抗氨气能力强。

②亚硝酸气对蔬菜的危害,常发生于菜株中部叶片上,受害叶片常产生不规则的绿白色斑点,严重时叶肉被漂白枯死。茄子、黄瓜、番茄等茄果类蔬菜对亚硝酸气体抵抗力最弱。

③二氧化碳气体对蔬菜的危害主要表现为,受害叶脉出现明显的点状、块状或片状白色伤斑或褐色伤斑,叶绿体被破坏,蔬菜组织脱水,严重时整个叶片变成绿色网状骨架后枯死。

④棚膜散发的有毒气体对蔬菜的危害在以下情况下会发生,当二异丁酯浓度达到 0.1ppm,或棚膜水滴中有毒物质含量为 0.1~0.3/1 000 时,就会产生毒害,使叶片失绿,黄化变白,直至植株皱缩干枯而死。

(3)温棚气害的防御措施

①合理施肥:温棚氮肥的施用,应以底肥为主,追肥为辅。追施的氮肥应按照少量勤施的原则,施后覆土,并结合浇水进行。一般不宜施入挥发性较强的碳酸氢铵,若施用碳酸氢铵或尿素,最好加水液施。一般每亩施入 500 千克标准氮肥,配水 80~100 千克。

②适时通风换气,排除温棚内有害气体。在低温季节,要谨防温棚长期封闭,在确保蔬菜对温度要求的前提下,尽量多通风换气,尤其是在追肥后几日内,更应注意通风换气。

③选用无毒膜。温棚所用塑膜,应选用乙烯合成材料制成的树脂产品,避免采用掺入较多增塑剂的产品。

④加强管理,及时中耕松土,保持温棚蔬菜根系正常生长,确保菜株健壮,以增强自身对有毒气体的抗逆性。

⑤用火提温时,应注意防止燃料燃烧不完全,产生较多的二氧化碳或二氧化硫等而引起毒害。为防气害,最好采用火道加温,把废气直接排出温棚外。

另外,经常用 pH 试纸测试棚膜水滴的酸碱度,依据 pH 值的大小,进行气害预测。当 pH 值在 4.5 以下时,说明棚室内已产生了对蔬菜作物有害的亚硝酸气体,要及时防御。

27. 温棚蔬菜栽培应对冷害的措施

①改进温棚的保暖状况,提高棚室的温度。必要时,可在温棚向阳面的底角处,于夜间增盖一层草帘,或在温棚内安装热风炉、热蒸气炉等,以提高温棚内的夜间温度。此外,还要经常清扫温室棚膜表面,增加透光率。

②掌握品种对温度的敏感性,根据中长期天气预报,选择合适的播期和定植期。遇到特殊天气时,尽可能采取防寒措施,保护蔬菜不遭冷害。

③温棚蔬菜在育苗时,要采用变温管理,以增强蔬菜苗的抗寒能力。对于果菜类的幼苗,一般在播种后要提高温度,出苗后要将温度降下来,避免徒长;在分苗后再次升温,促进新根的生长;定植前再降温炼苗,可提高植株的抗寒性。

④作好蔬菜生长期的温度、水分及养分管理,即要控制好棚室的温度。天气晴朗时,要避免温棚内气温过高。当温棚内气温过高时,放风降温要缓慢进行,避免室温大起大落。在连续阴天时,要适当缩短揭草帘的时间,减少出入温棚的次数,尽可能保持温棚有一定的温度。另外,要避免在棚温很高时,用冷水漫灌处于旺盛生长期的植株。

28. 温棚早春茬黄瓜如何应对低温危害

早春茬黄瓜栽培,常会受低温影响。若应对不当或错过时机,易导致黄瓜早春栽培效益降低,甚至失败。实践表明,低温对黄瓜的影响主要有以下两种情况:一是播种后遇到气温、地温过低,易导致瓜种发芽缓慢或出苗延迟,有的甚至出现沤籽,即使能勉强出苗,也会苗色黄而弱或易发生猝倒病、根腐病等。同时,若地温长时间低于12℃,有些幼苗出土后子叶边缘会出现白边,色黄,根系不烂也不长。二是白天气温持续6.5小时以上处于20～25℃,而夜间地温降到12℃左右,导致黄瓜幼苗生长缓慢、叶色浅、叶缘枯黄;夜间地温继续降低,低于5℃以下时,幼苗生长停滞,出现萎蔫、叶缘枯黄;当地温在0～5℃,并持续较长时间时,便会出现低温伤害。

应对低温危害的措施:

①选用发芽快、出苗迅速、幼苗生长快的耐低温品种。如"北京102"、"津翠3号"、"津春3号"等。

②进行种子处理。方法是先进行种子消毒,用清水冲洗,再用30℃温水浸种3～4小时,置于20～25℃环境中,催芽24～26小时,等到有1/3～1/2的种子露白时,将其置于0℃的低温环境中,冷冻24～36小时后再播种。如此不仅发芽快,还可增强抗寒力。

③嫁接育苗。砧木应选择耐低温、抗病、增产潜力高的云南黑籽南瓜即"南砧1号"、"汲87-1"、"汲87-2"等。

④管理上可在栽培前提前翻地、晒地,以提高地温。通过施用酵素菌沤制的堆肥或充分腐熟的有机肥调节菌群和肥力来增加蔬菜抗性。

⑤苗期浇水要科学。原则是阴天不浇晴天浇,下午不浇上午浇。初春在中午浇水(最好是蓄水池里的储存水)或浇20℃的温水,以保持一定的土壤温度。

⑥控制好棚温。在播种后到种子萌动期间,温棚内的温度应保持在25～30℃。秧苗定植前10天左右,应严格控制浇水,并逐渐加大通风量。开始时夜间盖半苫,白天将苗床温

度降至 15～20℃,夜间降至 1～5℃;定植前 3～4 天,夜间不盖苫,揭去全部覆盖物。经过几天锻炼以后,幼苗叶色变深、叶片变厚,其抗寒性可明显增强。

⑦适度蹲苗。一般是在幼苗低温锻炼期同时进行。采用干燥炼苗与蹲苗结合的方法,能明显提高其抗寒能力。在初花期可采取中耕蹲苗,并控水,以促根生长。棚内温度上午控制在 25～30℃,下午降至 20℃,夜间保持在 11～13℃。

⑧适时定植。最好选择在有连续 3 天以上晴天时定植,缓苗期约 5～7 天,不通风,以维持高温促缓苗,棚内温度白天控制在 31℃,但超过此限时可通小风降温。

⑨及时化控。即在得知有寒潮来临之前,喷施"爱多收"等叶面肥,隔 5～7 天喷 1 次,共喷 2 次,能提高抗寒性。在坐瓜前后开始喷洒细胞分裂素 500～600 倍液,隔 7～10 天喷 1 次,连续 3～5 次,可增强抗病力。同时,喷洒 72%农用链霉素可溶性粉剂 4 000 倍液,可减少幼苗感病几率。

29. 如何防御温棚内出现盐害

(1)温棚出现盐害的原因

①施肥不科学。目前,菜农们对各种肥料的作用及所栽培蔬菜的生长习性和需肥特点了解不全面。片面认为只要多施肥就能多产出,常常为获取一茬的丰产而盲目大量施用肥料,使肥料的利用率降低,以致大量积累在土壤中。另外,施肥时氮、磷、钾的比例不科学,也会造成盐分在土壤中积累。

②温棚的特定环境。温棚内土壤无雨水淋溶,大量施用的矿质肥料,既不能随雨水流失,也不能随雨水淋溶到土壤深层,而是残留在土壤耕作层内。加之,温室内温度高,土壤水分蒸发量较大,致使土壤深层的盐分受土壤毛细管的提升作

用,随土壤水分上升到土壤表层。以上两种现象的协同作用会使表层土壤溶液浓度加大,当盐分积累到一定浓度时就会对蔬菜产生危害。

③土壤湿度。温棚栽培蔬菜,因为浇水、追肥频繁,耕层土壤湿度较大,使土壤团粒结构受到破坏,孔隙度降低,通透性变差,盐分不能渗透到土壤深层,水分蒸发后盐分在土壤表层积累下来,使得土壤板结、盐渍化。

(2)温棚蔬菜遭受盐害后的症状

生长矮小,叶色深绿,在叶片的边缘有波浪状的枯黄色斑痕,根毛变成褐色后继而腐烂,蔬菜生长不良或出现整株凋萎死亡现象。

(3)温棚盐害的防御措施

①采用科学的配方施肥法。应遵从以有机肥为主,化肥为辅和氮、磷、钾按比例配合施用的施肥原则。施肥前,对温棚土壤营养进行测定,具体施肥量根据各温棚的土壤营养状况和所期望达到的产量来确定。施足基肥后,再根据蔬菜的生长需要进行适量追肥。另外,要正确选择施肥种类和施肥方法,尽可能施用不带副成分的肥料,如尿素、硝酸钾、硝酸钙、磷酸二氢等。

②增施有机肥、生物肥。即在基肥中,适当增加有机肥的施用量,并施用一定量的生物肥。通过采用这种施肥方式,再结合深翻地,可以改良土壤结构,改善土壤通透性,活化土壤,提高地温,有利于蔬菜侧根伸展,增加根系吸收水分和养分的能力,提高自身抗盐力。有机肥在施用前,必须经过 3～4 个月的堆放,充分腐熟后才能在温棚内施用。

③延长自然降雨淋溶时间。宜在 6 月下旬到 9 月底这段时间内,尽早揭除温棚顶部的薄膜,让雨季的自然降雨充分淋

溶土壤,降低土壤耕层中盐分的浓度。

④栽培除盐作物。农作物中,除盐效果最好的是玉米、高粱。可在温棚越冬蔬菜生产后期,套种一茬早熟玉米或高粱,在玉米、高粱生长期内不追肥,以有效降低土壤含盐量。

⑤浇水洗盐。夏季温棚闲置时段,可大量浇水,以冲淋土壤耕作层中的盐分,并于水分落干后,及时施入有机肥,深翻压盐。

⑥地膜覆盖。在生产季节,采用地膜覆盖、膜下浇水的办法,可减少土表水分蒸发量,减缓土壤深层盐分上升的速度。

⑦选择抗盐蔬菜。不同种类蔬菜的根系,对土壤盐类浓度的耐受力不同,茄子的抗盐力较强,其次是番茄、辣椒、黄瓜、菜豆的抗盐力较差。

另外,多年使用后的温棚,可以更换土壤或移址。

30. 冬季低温期如何管理温棚西葫芦

(1)注意保温

低温期间常伴随寡照,受其影响,温棚内气温和地温都会大幅度下降。西葫芦在低温条件下,常会出现化瓜现象。因此,应该根据天气变化,加强温度管理。温棚的通风时间、草苫揭放时间,都应该控制好,以满足西葫芦生长发育对光照和温度的需要。

(2)科学使用激素

西葫芦在管理过程中,需要进行点花处理。在点花过程中,应注意激素的适宜浓度。特别是要严格控制好 2,4-D 的浓度,防止因激素浓度过高而引起激素中毒。特别是低温条件下,更应该适当减少点花次数,以免激素中毒后,影响植株的正常生长。

（3）做好养根防病工作

在冬季低温的条件下，养护好根系是管理的重点。不能为了追求产量，而盲目冲施化肥，以免造成植株根系受损。在冬季施肥过程中，应以有机肥和生物菌肥为主。这样既能保证根系的正常生长，又有利于地温的提高。总之，只有把根养好，才能吸收更多的养分，这样才会有较高的产量。

第三章 温棚蔬菜生产实用技术

31. 如何确定日光温室的长度

温室长度是指日光温室东西延长的长度。无论建造多么长的日光温室,其东、西两侧的山墙高度是不变的,也就是说两侧山墙在温室内造成的遮阳阴影面积是不变的。这种阴影面积在温室内属弱光照区,即低产区。温室越长,两侧山墙内造成的遮阳阴影和温室总面积的比值就小,也就是说山墙阴影对温室生产造成的损失比例就小。温室越短,山墙阴影对温室生产造成的损失比例就越大。因此,原则上讲只要地形允许,日光温室越长越好。不过,为了操作方便,以及生产实践经验表明,日光温室的建造长度一般以控制在50~60米之间为宜。

32. 如何确定日光温室的高度

日光温室屋脊最高点到地表面的垂直距离,称作温室高度,也称矢高。生产实践表明,矢高一般宜控制在3.6~3.9米。矢高太低,温室内空间太小,热容性能差,往往造成骤冷骤热,且夜间保温性差,容易引起蔬菜冷害。同时由于空间小,水汽排放不流畅,易导致室内湿度过大而结露,诱发多种病害。但矢高过高,温室内空间相对增大,温室内的温度又难以控制。

33. 如何确定日光温室的跨度

日光温室的南北向内径即进深,称温室跨度。跨度过小,温室内栽培床面积小,生产能力差。跨度过大,直接影响日光温室前屋面的坡度,继而影响到太阳光的入射角度,最终影响温室的热效应,降低温室的生产性能。一般来说,3.6～3.9米矢高的日光温室,其合理的跨度是 7.5～8.5 米。

另外,各地气候条件不同,在确定温室跨度时,可在满足采光和保温要求的前提下,结合当地冬季最低气温高低来建造。如冬季最低气温可达 -12℃,宜选择跨度为 7.0～8.0米;冬季最低气温为 -15～ -18℃ 时,选择跨度为6.5～7.5米;冬季最低气温低于 -18℃ 时,宜选择跨度为 5.5～6.5 米。

34. 如何确定日光温室的厚度

日光温室的厚度指温室后墙体的厚度和温室后屋面的草层厚度。

（1）墙体厚度

墙体是为降低热传导对温室内温度的影响而设置的。墙体厚度不够,热传导作用频繁,保温性能差,热量损失大。墙体过厚,建造施工难度大,造价高。生产实践表明,日光温室墙体厚度一般确定为 1 米,即可达到降低热传导、提高温室保温性能的要求。从有关研究结果看,墙体厚度,一般来说在江淮平原、华北南部以 0.8～1.0 米为宜;华北平原北部、辽宁南部1.0～1.5米为宜;采用砖墙的,以 50～60 厘米为宜,并在中间设置隔层。

（2）后屋面草层厚度

为了提高日光温室后屋面的载热和保温作用,一般选用麦草作保温隔热层。麦草比泥土、混凝土的热容量大,白天在太阳照射下,可储备大量热能,夜间随温室内气温不断下降,草层的热能不断释放出来,补偿温室内温度。同时,麦草层的孔隙度大,热传导小,热量对外散失得少,有良好的保温作用。一般后屋面的草层在屋面中部要厚达 70 厘米,前沿要厚达20 厘米。

35. 如何确定日光温室的方位

温室的方位是指温室屋脊的走向。日光温室靠向阳面采光,所以一般都坐北朝南,东西走向,正向布局,采光面朝向正南,以充分接收日光照射。在生产实践中,某些地区冬季早晨比傍晚寒冷得多或早晨多雾,不能太早揭开覆盖物,温室方位可以南偏西一些,以充分利用下午的阳光。某些地区冬季气候温和且雾天少,温室方位可以南偏东一些,以充分利用上午的阳光。一般来说,可向东或向西偏斜 5°,最大偏斜不宜大于 10°。否则,偏斜角度太大,会减少日光温室的日照时间,直接影响温室的热性能。

同时,无论是偏东还是偏西,都要注意当地冬季的主导风向,以避免温室采光面受到寒风的直接吹袭,导致温室的保温性能降低。

另外,因为早晨和傍晚的太阳高度角小,日光易被山、树木、建筑物等遮挡。因此,确定温室的方位时,除了考虑气象条件外,还要考虑温室周围的环境地形情况。

那如何确定温室的正南方位角呢?

这里给大家介绍一个简单的方法。秋冬季节,中午 12 时整,用一根竹竿立在地面上,竹竿的阴影方向,即可作为建造日光温室的正南正北方向。

36. 如何确定日光温室的前、后屋面角

（1）后屋面角

日光温室后屋面和后墙体的交角，称为日光温室的后屋面角。为使后屋面对后墙体无遮影，同时在冬至前后，后屋面和后墙体同样有太阳光照射，以提高后屋面和后墙体的温度，从而提高温室性能，温室后屋面角一般为 125°～135°。

（2）前屋面角

前（南）屋倾斜面与地表面之间构成的交角，称日光温室的前（南）屋面角。

确定合理的温室前屋面角，是提高日光温室温光性能，即保证温室内有充裕的太阳光照射的基础。而日光温室内太阳光的多寡，主要与光线的透过率即透光率有关。在温室向阳面的薄膜确定后，透光率的大小主要取决于太阳光的入射角度。这个入射角度越小，太阳光被反射回去的比率就小，反之，则大。特别地，当入射角为 0 度时，即太阳光直射温室前屋面薄膜时，太阳光的透光率最大。因此，日光温室内光线最好的屋面角度确定原则，就是使冬季太阳光线与日光温室南屋面构成的入射角为 0 度。

但太阳光线与温室前屋面构成的入射角，又与太阳高度角（即太阳直射光与地面的夹角）和温室的前屋面角相关。其中，太阳高度角又和当地的地理纬度（Φ）和太阳赤纬*（δ）有关。

---

* 赤纬：天文学上，把宇宙假想成一个巨大的球，这叫天球。天体的位置用经纬度表示，称作赤经、赤纬。地球的赤道在天球上的投影就叫天赤道。天赤道以北为正赤纬、以南为负赤纬。如在北半球冬至日的太阳赤纬约为－23.5°。

目前,确定温室前屋面角(α)的公式为:$\alpha = \Phi - \delta - 40°$(40°是根据太阳光线入射角度在 $0 \sim 40°$ 时,温室透光率下降较少的原理,确定的一个参数,详见凌云昕编著的《塑料日光温室蔬菜栽培技术》一书)。

例如,安徽省宿州市,地理纬度为 33.6°左右,太阳赤纬(δ)为 23.5°,其合理采光屋面角应为:$\alpha = \Phi - \delta - 40° = 33.6° - (-23.5°) - 40° = 17.1°$。

37. 如何在温棚内安装测定温湿度的仪器

(1)测定地点的选定

选择具有代表性的测定地点安置仪器,是获得科学的温湿度数据的保证。一般来说,在塑料日光温室内,中央为相对高温区,气温较周围偏高 1℃左右。在此高温区的前部和后部,气温明显偏低。因此,测定温度的仪器不宜安置在中央或靠近温室前、后的部位。代表性的地点是,在无门的一端距中央的三分之二与南北之宽的二分之一的交叉处。

(2)仪器的安装

测定点选好后,在测定处要先埋设一个温度表支架,将套管式干湿球温度表及最高或最低温度表水平放置在支架的凹槽内。注意,要使温度表球部向南,并有护罩遮挡,以防阳光直射及温棚顶部水珠滴溅其上,另要确保球部空气流通。

温度表安装高度要与所测定蔬菜的生长点相平。一般可距离地面 0.5 米。这个高度相当于果菜类坐果的平均高度,与一般蔬菜的生长高度相近。但在蔬菜苗期,温度表可平放在用木棍做成的 2 个"×"字架上,测温高度可距离地面 20 厘米,球部同样要有遮挡罩。

若要测量温棚内不同高度处的温度,可按需要在不同高度分别安置仪器。

若需了解温棚内气温、相对湿度的日连续变化情况,可在温度表支架北侧同样高度处,安装自记湿度计和自记温度计各 1 台即可。

另外,要测定地温,一般可在气温测点附近,埋设 5 厘米、10 厘米的 2 支曲管地温表即可。

38. 温棚内温湿度的观测时间和方法

(1)温棚内日平均气温和地温的观测

一般采取定时观测,可选择早晨揭苫后、14 时、20 时三次观测,然后求其平均值即可。自记仪器每日 20 时更换一次自记纸。

(2)温棚内最低气温的观测

每日早晨,在揭苫后观测最低气温,此值为温棚昨日的最低气温。需要注意的是,最低气温观测结束后,要把最低温度表取下来,放在阴凉处,下午盖苫后,提前 10 分钟将最低温度表调整好,再放置在温度表支架上。若遇到雨雪天气,不揭苫时,可在 09—10 时观测。

(3)温棚内最高气温的观测

在白天中午不通风换气时,可在下午盖苫前观测温棚内的最高气温,即为当日温棚内日最高气温。观测完毕后,将最高温度表调整好,再放回原处。

温棚内的相对湿度可通过干、湿球温度表读数,按表查得,或用自记湿度计测得。

(5)温棚内仪器的观测顺序

先观测干、湿球温度表,再观测最低或最高温度表,后观测地温表,最后是观测温度计和湿度计。

39. 日光温室内的光照变化规律如何

温室的光照状况主要取决于所在地的地理纬度、季节、日变化、屋面角、棚膜污染程度和天气状况。

（1）光照强度的变化

一般情况下，光照强度主要取决于太阳高度角（即太阳直射光与地面的夹角）的大小。如果太阳高度角变小，那么单位面积投射面上所获得的光能就相对减少，光照强度就变弱。在高纬度地区的冬、春季，太阳高度角小，温棚获得的太阳光强度就弱。

光照强度还受到大气层的厚度，大气中的水分、灰尘以及棚膜吸附的微尘等影响。大气层越厚，光能损失越多；膜上吸附微尘越多，棚膜透光率就越小。

光照强度还与温棚的棚面角度（即温棚向阳面与地面的夹角）有关。棚面角大，透光率高；反之，透光率低。

（2）光照的日变化

在一天内，早、晚太阳高度角小，光照弱；中午，太阳高度角大，光照强。东西延长的温室，屋面向南倾斜，对中午的强光利用率高，室内光照最强；而上午和下午次之，特别是冬季上午9点前和下午3点后，光照很差。

（3）光照的季节变化

在一年四季当中，由于日出方位的不同，日照时数长短不一。夏季日出于东北，日落于西北，昼长夜短。冬季太阳从东南升起，落于西南，日照时间短。再加上冬季日光温室晚揭苫、早盖苫，更缩短了室内日照时间，这对日光温室蔬菜的生产不利。

（4）室内光照的局部差异

由于蔬菜生长位置距棚面的距离不同和蔬菜间的遮光作

用,使室内垂直和水平方向的光线分布不均,近棚面处光照强,远离棚面处光照弱。在垂直方向上,上部光照强于下部;在水平方向上,靠外部强于中部,且这种差别随温室的加高和加宽而增加。从季节来看,这种差别是冬季大,春季小。

40. 棚室蔬菜栽培如何多采光

实践证明,在光照时间短、强度低的冬春季节,采取适当措施让棚室多采光,对提高蔬菜的产量和品质具有重要作用,也是蔬菜设施栽培能否优质高效的关键技术之一。具体措施如下。

① 合理布局。在大棚内种植不同种类的蔬菜,要遵循"北高南低"的原则,使植株高矮错落有序,尽量减少互相遮挡现象。同一种蔬菜移栽,力求苗子大小一致,使植株生长整齐,减少株间遮光。同时以南北向做畦定植为好,使之尽可能多地接受光照。

② 保持棚膜洁净。棚膜上的水滴、尘土等杂物,会使透光率下降 30% 左右。新薄膜在使用 2,10,15 天后,棚内光照会依次减弱 14%,25%,28%。因此,要经常清扫、冲洗棚面的尘埃、污物和水滴,保持膜面洁净,以增加棚膜的透光率。下雪天还应及时扫除积雪。

③ 选用无滴膜。无滴膜在生产过程中加入了几种表面活性剂,使水分子与薄膜间的亲和力大大减弱,水滴不易附着于薄膜面。选用无滴膜扣棚,有利于增加棚内的光照强度,提高棚温。

④ 合理揭盖草苫。在做好保温工作的前提下,适当提早揭去草帘和延迟盖帘,可延长光照时间,增加采光量。一般在太阳升起后 0.5～1 小时揭帘,在太阳落山前 0.5 小时再盖

帘。特别是在时下时停的阴雨雪天里,也要适当揭帘,以充分利用太阳的散射光。

⑤ 设置反光幕。将宽 2 米、长 3 米的镀铝膜反光幕,挂在大棚内北侧,使之垂直地面,可使地面增光 40% 左右,棚温提高 3～4℃。此外,在地面铺设银灰色地膜也能增加植株间的光照强度。

⑥ 搞好植株整理。及时进行整枝、打杈、绑蔓、打老叶等田间管理,有利于棚内通风透光。

41. 如何提高温棚温度

① 增加棚膜通透性。采用高透光无滴膜,及时清扫棚膜上的灰尘、积雪等,可增强光照,提高棚温。

② 提高草苫保温性。大棚上覆盖的草苫要覆盖紧实。为提高保温性能,在深冬季节为防止雨雪弄湿草苫,可在草苫上加盖一层普通农膜或往年的旧薄膜。

③ 增加后墙的保温性。建筑后墙时可在土墙上贴一层砖,或建空心保温墙,墙内充填秸秆或聚苯泡沫板,效果较好。严寒地区可直接建成火墙,便于提温。

④ 棚外挖防寒沟。在大棚外挖深 40～60 厘米,宽 40～50 厘米的防寒沟,填入锯末、杂草、马粪、秸秆等保温材料,填实后盖土封沟,以达到保温效果。另外,大风降温前,夜间及时在棚四周加围草苫或玉米秸,可使棚温提高 2～3℃;或在大棚四周熏烟,防止大棚四周热量的散失。

⑤ 棚内挖回垄沟。在种植温棚葡萄或油桃时,可采取棚内挖回垄沟的方法,提高大棚内的地温和气温。即沿定植行在离植株根颈 30～35 厘米处,挖深 45 厘米、宽 50 厘米的沟,沟底铺上 5 厘米左右稻壳或麦糠,离沟侧壁 5 厘米处每隔 50

厘米打 1 木桩固定,木桩与侧壁间用玉米秸塞满。沟顶用
60~70 厘米长,成捆直径为 10 厘米的玉米秸秆铺盖,沟上培
土,除留出作业道外,其余地面覆上地膜,整个大棚形成首尾
相通的"S"形沟,在地势稍高处设开口,及时打开或关闭,以
控制地温。

　　⑥ 大棚内的栽培。采用高垄栽培,定植时可于垄上覆
膜,这样可提高地温 2~3℃。采用平畦栽培时则可架设小拱
棚,来提高温度。

　　⑦ 设立临时加温措施。为及时缓解寒流、霜冻等气象灾
害及阴天无光照的不良天气,可在棚内临时设置 2~3 个功率
为 1600~2500 瓦的暖风机增温。为防止棚内湿度过大,引发
漏电现象,应采用浴室暖风机,暖风机出口方向,不要直接对
着植物。

　　⑧ 在大棚内悬挂反光幕,不仅增加了棚内光照,还可提
高棚内温度。方法是在大棚后墙上悬挂涂有金属层的塑料膜
或锡纸,每隔 2~3 米悬挂 1 米。反光幕的悬挂,减少了墙体
对热能的吸收,可将棚内温度提高 2~3℃,同时又增加了棚
内光照,促进棚内果实的着色。

42. 如何调节温棚内的湿度

　　(1)空气湿度的调节

　　温棚内的空气湿度主要靠通风来进行调节和控制。当外
界气温较低时,通风与降湿往往与闭棚保温形成矛盾,即闭棚
保温通常会使棚内湿度增加,而通风降湿又会使棚温降低。
这对矛盾,可依靠通风时间的早晚、长短和通风口大小的调节
来解决。低温阶段以保温为主、降湿为辅,应晚通风、早闭棚。
高温阶段以降温排湿为主,要早通风,通大风,甚至昼夜通风。

另外,棚内空气湿度与土壤湿度关系较大,也可以通过调节土壤湿度来控制空气湿度。

（2）土壤湿度的调节

浇水是调节土壤湿度最简单有效的方法。采用此法的关键在于选择适宜的浇水时间和浇水量,一般宜采用沟灌或勺浇。通风前,应少浇水;通风以后,应随通风量的增大而逐步增加灌水量。在外界气温较高时,要加大通风量,但应特别注意提高土壤湿度,以免土壤干旱影响温棚内植物生长。

另外,中耕也是调节土壤湿度的一种有效措施。一般温棚内的土壤湿度要比露地的高,特别是灌水后,湿度会大幅度增加。因此,必须及时进行中耕松土,以有效调节土壤湿度。

温棚内宜提倡采取地膜覆盖栽培,能有效阻止局部土壤水分蒸发,既可降低空气湿度,又可增加土壤湿度,减少浇水次数,对温棚内蔬菜生长有利。但是盖膜后,追肥往往不太方便。因此,盖膜前要在土壤中适当多施基肥,以免后期缺肥。同时,在膜下还要留浇水沟,以便及时补充土壤水分。

43. 温棚茄子定植后咋管理

（1）温度管理

茄苗定植后 7 日之内,要确保温棚内有较高的温度,以促茄苗快发新根。适宜温度指标是:白天 30℃左右,夜间 15℃以上。其后,当茄苗新叶开始明显生长后,要及时降低温棚温度,谨防茄苗生长过旺,发生徒长。在茄苗结果前,温棚白天温度可保持在 25℃左右,夜间温度控制在 12℃上下。翌年春季,气温回升后,要注意通风,谨防棚内温度过高,谨防发生热害。

（2）适时通风

温棚内的空气湿度过高,不仅诱发茄子病害,还会使病害加重。管理上,可通过通风来控制温棚内的空气湿度。一般当白天温棚内的气温升高到 25℃后,即可通风;夜间温棚外的气温不低于 15℃时,也可通风。遇到阴天和浇水后,应相应延长通风时间,此时即使温棚内气温偏低,也要进行短时间的通风排湿。早春季节是温棚茄子病害多发期,加强通风管理更为重要。

（3）水肥管理

① 秋季、冬季和早春时节,温棚内气温尚低时,茄子生长慢,需水量不多,宜从小垄沟浇水。当温棚进行全天大通风后,土壤失水快,容易干燥,应大小垄沟一起浇水。

② 在冬日,一般要在晴暖天气的上午浇水,阴天和晴天的下午严禁浇水,否则不仅地温回升慢,根系也容易受害,且易导致温棚内空气湿度长时间偏高,易引发病害。

③ 浇水后的几日内,要加强温室内的通风管理。浇水量要适中,不要让水淹没苗茎的嫁接部位。

④ 追肥时间:一般当大部分植株上的门茄长至核桃大小时,开始追肥。茄子生长发育需肥量大,要勤施肥,并做到有机肥与化肥交替施用。化肥以复合肥为最好;用尿素追肥时,应搭配硫酸钾或磷酸二氢钾;有机肥以肥效比较高的发酵鸡粪为宜。

（4）及时整枝除叶

① 整枝抹杈:温棚茄子一般采用双干整枝,即将第一次分杈下的侧枝全部抹掉,只保留第一次分杈时分出的两条侧枝结果,以后每条侧枝上再长出的分枝全部打掉。鉴于温棚内空气湿度比较高,易引发多种病害,故抹杈要安排在晴暖天

的上午进行。另外,抹杈时不要将侧枝在紧靠结果的枝干处抹掉,要留下 1 厘米左右长的短茬,使疤口远离主干,避免主干发病。

② 吊枝:吊枝的主要作用,一是让选留的结果枝干在温棚内均匀分布,保持田间良好的透光性;二是让枝条向上生长,避免坐果后果实将枝条压弯。

③ 打老叶:茄子的老叶容易发病,要及早摘掉,发病严重的叶片也要及早打掉。打叶时要用剪刀,从叶柄的基部留下约 1 厘米长的叶柄将叶片剪掉,忌紧靠枝干劈下叶片,以免劈裂主茎以及留下的伤口染病后直接伤害枝干。

④ 摘夹:嫁接苗茎上的嫁接口固定夹应在茄子苗定植缓苗后及早摘除,避免长时间夹住嫁接部位,妨碍该部位的正常生长。

(5)适用激素

① 控制旺长:目前主要选用助壮素和矮壮素。当植株开始出现旺长时喷洒叶心,喷洒次数视喷洒后植株生长情况而定。

② 保花保果:当温棚平均气温低于 15℃ 时,茄子就不能正常坐果。因此,冬季温棚栽培茄子,需要用坐果激素处理花朵,以提高坐果率。茄子保花主要选用的激素为 2,4-D,抹花浓度为 20～30 毫克/升,也可以涂抹浓度为 20～30 毫克/升的防落素促进坐果。

44. 温棚茄子坐果前的温度、水分控制

茄子结果前的温度状况、土壤水分条件,是影响坐果率高低的关键因素。要使茄果产量高、成熟早,管理上应抓好两点。

首先,自初花期始,棚内温度白天应保持在 28～30℃,一般宜维持 5 小时。但在中午前后,由于太阳光照较强,应及时通风,棚温不能超过 35℃,否则,将发生高温落花。在棚温降至 25℃ 或 20℃ 以下时,应注意保温,避免出现长时间 25℃ 或 20℃ 以下的低温;夜间严防出现 15～20℃ 以下的低温。

其次,季节进入"五九"、"六九"以后,太阳光照逐渐增强,光照时间增长,温棚升温较快,棚内土壤水分蒸发损失较重,要注意及时浇水。茄子的生态特性决定了管理上应以控为主,少灌多松土。特别是盛花期间,土壤水分不能过高,温棚空气湿度也不能超过 90%,否则,也会引起落花落果。一般来说,当土壤水分在 65% 以下时,可以采取晴天早晨灌或隔行灌水,切忌大水漫灌。

45. 温棚黄瓜高产管理措施

生产实践表明,冬季温棚黄瓜管理的好坏会直接影响黄瓜产量。要实现温棚黄瓜高产、高效,须采取以下措施进行有效管理。

(1)搞好温棚保温防寒

黄瓜生长结果的适宜温度,白天为 25～30℃,夜间为 13～16℃,最低 8℃。低于 8℃ 会引起寒害,造成大量落花落果,甚至瓜秧萎蔫。因此,为防御寒害,在冬季严寒来临之前,应在棚前 20 厘米处,开挖深、宽各 50 厘米的防寒沟,沟内填充麦草或稻草,盖上薄膜,再薄土覆盖。同时,在后墙外培 1 米高的土堆,并在瓜苗定植行内铺一层新鲜、干燥的玉米秸或麦秸。雨雪天气,还要在草苫外加盖一层与棚面大小一致的农膜或编织袋,以防雨雪浸湿草苫而降低保温效果。

(2)改善光照条件

晴好天气时,在保证不过分降低棚温的情况下,草苫要早揭晚盖,使植株尽可能多地接受光照。为提高棚膜的透光率,每隔 5～7 天应对无滴膜清洁一次。遇雨雪天气也要在白天雨雪暂停的间隙揭苫,切记不可数日不拉起草苫一次。遇连续雨雪天气骤然放晴,应陆续间隔揭开草苫,使植株逐渐适应光照。另外,温棚内墙体应刷成白色,通过挂反光幕、安装日光灯,适时吊蔓、绑蔓等,以改善温棚内的光照条件。

(3)加强肥水调控

严冬期间要严格控制灌水频率,一般视瓜畦墒情大小,每隔 7～10 日灌水一次。灌水要在上午 10 时前进行,水温与地温相差应不超过 2℃。灌水最忌大水漫灌,宜采取膜下沟灌、挖穴灌、膜下滴灌等方式。在基肥充足的情况下,冬季可不用追肥,必要时可在灌水时,每亩追施磷酸二铵或尿素 10～20千克、硫酸钾 10 千克。另外,每隔 15 天左右还可结合喷药,进行叶面喷肥,如喷施光合微肥、0.2% 的硼砂水溶液、0.3%的磷酸二氢钾与 0.2% 的尿素混合液。

(4)增施二氧化碳气肥

严冬季节由于温棚通风换气少,使棚内二氧化碳量通常难以满足黄瓜生长发育的需要,此时应人工补施二氧化碳气肥。方法有:利用碳酸氢铵与稀硫酸反应生成二氧化碳,燃烧沼气产生二氧化碳,或每平方米温棚用 30 克埋固式气肥进行补充。

(5)适时整枝、整蔓

黄瓜长到 4 叶时,应及时在每行黄瓜顶部,沿南北向扯上细铁丝,然后在细铁丝上拴上细塑料绳,下垂至瓜苗,把瓜蔓绑在下垂的塑料绳上。黄瓜植株高度应控制在 1.5 米左右,呈南低北高形式。随着瓜蔓生长,以及下部瓜的采收,要及时进行落蔓,盘蔓,摘除下部老叶、黄叶、病叶等日常管理。一般每株保留 20～24 片有效叶片即可。

（6）及时防治病虫害

对于霜霉病、灰霉病、白粉病、细菌性角斑病等的防治,应有选择地交替使用 5％百菌清粉尘剂、0.5％甲霜灵粉剂、速克灵、灰霉清烟雾剂、15％粉锈宁可湿性粉剂 1 500 倍液或30％DT 胶悬剂 500 倍液等。对于蚜虫、白粉虱的防治,可选用 80％敌敌畏乳油熏烟、10％吡虫啉可湿性粉剂 6 000 倍液、0.9％爱福丁乳油 6 000 倍液等。

另外,还要及时进行人工辅助授粉,即在黄瓜开花后,采下雄花花蕊,对准雌花柱头轻抹几下,可有效减少落花、落果以及畸形果的发生。

46. 温棚茄果类蔬菜徒长的原因与预防

茄果类蔬菜,特别是番茄,在定植后易发生徒长,表现为植株茎秆粗壮,叶片大而肥厚,花蕾、花朵较为瘦弱,不结果,或茎秆细,茎节突出,叶片薄而色淡,花蕾、花朵瘦弱,落花落果。一般中晚熟品种易徒长。温室大棚冬春茬番茄植株徒长的原因主要是土壤过湿,温棚内空气相对湿度超过 80％,且氮肥偏多;或遇连续阴雨天气,室外空气湿度经常大于 70％,温棚内光照严重不足,加之植株密度过大、通风透气不良。温室大棚内辣椒徒长的原因是棚内的高温高湿环境,表现为门椒坐不住。温棚秋冬茬番茄徒长的原因多是定植期温度偏高,尤其是夜温偏高,氮肥偏多。

防治蔬菜徒长的措施:

① 控制苗龄,及时定植。一般早熟番茄品种的苗龄以 80

天左右为宜,中晚熟品种以 90～100 天为宜,秋番茄苗龄以 25 天左右为宜。

②　早作定植准备,促进秧苗缓苗。在定植前 10～30 天做好整地、施基肥、覆盖温室大棚顶膜和裙边、四周开好排水沟等,使秧苗在定植时,温棚内处于湿度较低,温度合理的环境,以利于缓苗。

③　控制氮肥用量,采用深沟高畦栽培,促进根系生长。

④　适时适量整枝打叶,搭架,改善株间通风透光条件,并用生长调节剂如番茄灵等喷花,促进坐果,抑制营养生长过旺。

⑤　在定植缓苗后,每隔 15 天左右,用等量波尔多液和 77%可杀得可湿性粉剂 500～700 倍液对植株进行喷施。

⑥　及时放底风。植株缓苗后,在保持温棚有一定温度的条件下,要大胆放风,以降低棚内湿度。一开始开花坐果,就要掀开裙膜放底风,只要夜间外界最低温不低于 15℃,均可昼夜通风。进入春暖时段,可将塑料薄膜撤除。

⑦　控制肥料、水分。如果底肥、底墒水充足,一般在开花坐果前不要再施肥、浇水,特别是采用了地膜覆盖的,更忌施肥浇水。通常可在坐稳果后,再视情况适量追施肥料和浇水。

47. 如何用烟雾剂防治温棚蔬菜病虫害

温棚内施用烟雾剂进行蔬菜病虫害防治,不仅防治效果好,有利于降低温棚内湿度,又省工、省时、节能,而且药害残留少、时间短,非常适合于生产无公害蔬菜。

目前,市场上销售的烟雾剂主要有:10%百菌清烟剂、10%速可灵烟剂、15%克菌灵烟剂、28%烟熏王。10%腐霉利烟剂、22％敌敌畏烟剂、灭蚜烟剂等。

烟雾剂施用技术要点：

(1)施药方法

温棚内多点摆放，布点均匀。燃放时要从内向门口顺序用暗火逐一点燃。着烟后立即密闭温棚过夜。

(2)施药时间

① 施放烟雾剂最好选在傍晚放苫前进行，以利于烟雾颗粒下沉，提高防治效果。

② 在蔬菜生长期间，要加强病虫调查，适时防治。一般防治病害应在发病前或发病初期进行，间隔 7～10 天 1 次，连续 3～4 次；防治虫害应在初发期及早控制。

(3)正确诊断，对症施药

施药之前，要查明病、虫发生情况，对症用药。如防治霜霉病、疫病、灰霉病等，可选用 10％百菌清烟剂或 15％克菌灵烟剂，每亩用药 200～250 克；防治白粉病可选用 15％克菌灵烟剂，每亩用药 250～300 克；防治蚜虫可选用 22％敌敌畏烟剂或灭蚜烟剂，每亩用药 300～350 克。

(4)交替、轮换用药

防治病虫害时，要针对防治对象选择 2～3 种烟剂交替、轮换使用，避免连续使用同一种烟剂。

另外，还要注意安全，施放烟雾剂要避开蔬菜和易燃品，点燃后人员要及时退出并关闭温棚，次日待通风后方可从事日常活动。

48. 冬季温棚播种前如何消毒

温棚在冬季播种前，及时进行严格的消毒，既能有效缓减病虫害的发生，减少病虫害的防治次数，还能为蔬菜的优质高产创造条件。

消毒方法：

① 热能高温消毒：即在高温时段，扣上棚膜，将棚内各处封严，使棚内温度升高至 40～50℃ 甚至更高，一般温度越高越好，利用高温杀死病原菌和钝化病等。倘若错过高温时段，也可采用火炉加温进行高温消毒。

② 农药泼洒土壤消毒：一般来说，400 平方米的温棚，可将 70% 的敌可松和 65% 的代森锌各 1.2 千克与 40 千克的湿土拌匀，撒于地面；或将两种农药配制成 300 倍液泼洒土壤表面后深翻。有蝼蛄和地老虎危害的温棚，可再将 90% 的敌百虫 0.3 千克，拌入 1 千克炒香的麦麸中，制成毒饵，撒于地面诱杀。

③ 石灰乳剂刷白消毒：即用优质的生石灰浸泡制成乳剂，刷白温棚内的山墙和后墙，可有效杀灭藏匿在墙体上的病原菌，同时还可增强温棚内的光照。

49. 西葫芦温棚栽培的环境气象条件调控

在瓜果类蔬菜的温棚栽培中，西葫芦适应性最强，且具有生育周期短、腾茬早、产量高等优势，因此近年来栽培面积不断扩大。但栽培中易出现坐瓜少、产量低、品质差等异常现象，导致经济收益下降。研究表明，异常现象的发生与西葫芦定植后的环境气象条件不合理有关，如温度过高导致秧蔓徒长，节间变长等。因此，要获得高产，就必须对温棚内的环境气象条件进行科学调控。

（1）温度控制

温度控制合理与否，是温棚西葫芦栽培成功的关键。一般来说，在定植后的缓苗期，环境温度要控制在较高的范围内,以促其快速生根、缩短缓苗时间。具体而言,白天室内温度应控制在 25~28℃,夜间保持在 18~20℃,但切忌超过30℃。倘若遇上大风降温天气,应将温棚内气温稳定在 28~30℃,以气温促地温,防止发生冷害。

缓苗后的环境温度较前期要有所降低,通过低温炼苗提高秧苗抵御后期严寒天气的能力。一般来说,棚温在白天应保持在 20~25℃,夜间稳定在 13℃。

植株坐瓜后,可适当提高棚温,白天控制在 25~28℃,夜间控制在 15~18℃,以促进生长发育,提高单产。进入严寒季节,环境气温较低,虽然西葫芦能耐 3℃ 的气温以及 8℃ 的地温,但在此种条件下,植株生长已经滞缓甚至停止。此时要按照果实膨大期的适宜温度——12~23℃ 的指标进行控温,尽量使室温接近适温范围。但白天室温不能超过花药败育的上限温度——32℃。若棚温达不到 28℃,不宜通风,若为多云天气,棚温达不到 26~27℃,可安排在 12 时以后通风,并依据棚内气温情况,缩短通风时间,使棚内尽可能多地积蓄热量,以抵御夜间严寒。翌年开春后,外界气温开始升高,要适当加大通风量,延长通风时间,慎防气温超过 32℃ 而发生热害。当外界气温达 12℃ 以上时,夜间可不关闭通风口。

(2)水分调节

日光温室内的水分调节,要视植株长势和天气情况而定。缓苗期一般浇过定植水后即可不再浇水,以促根控秧,防止烂根。通常土壤相对湿度宜保持在 70% 左右。缓苗后,进入寒冬期,应控制浇水。除非土壤干旱,非补水不可,但也应从膜下小沟浇小水,切忌水量过大。浇水时应选择连续 5 日左右的晴天过程的"冷尾暖头"天气的上午进行。

翌年春天,随着气温升高,土壤相对湿度可保持在 80％以上,以满足坐果峰期及果实膨大期对水分的大量需求。

(3)光照调节

西葫芦是一种长蔓高产蔬菜,虽较耐弱光,但其生长发育也需要较充足的光照。一般在定植后,应及时在温棚后柱部位张挂反光幕,白天揭开草苫后要及时擦除屋面薄膜上的污染物。低温阴雨天时,只要外界气温不降至 5℃ 以下,就应揭开草苫透光。瓜秧伸蔓后,还要将瓜秧一齐摆向南面朝阳生长,以争取更多的光照。

50. 温棚冬春茬番茄的栽培技术

(1)种子处理与催芽

将选好的种子用纱布包好浸在 50℃ 温水中,不断搅拌至水温降到 30℃ 时停止,浸泡 4～6 小时,捞出后进行消毒。方法是用 10％磷酸三钠水溶液浸 20 分钟,或者用 0.1％高锰酸钾水溶液浸 20 分钟后,捞出用清水冲净,掺上相当于种子体积 2～3 倍的细砂,装在瓦盆里,盖上湿毛巾,保持 25～30℃ 的温度,进行催芽。一般经过 2～3 天,当有 50％以上发芽时即可播种。

(2)播前准备

① 播种床:在温室中部做成架床或电热温床。架床需制作 50 厘米×70 厘米×10 厘米的播种木盘。无论架床还是电热温床,都需要铺 10 厘米厚的营养土。

② 营养土配制:用无病虫、无污染的熟土或没有种植过茄科作物的肥沃园田土,细炉渣,有机肥按体积比 1∶1∶1 混合过筛即可;也可用育苗素和园田土配制(即 1 立方米土加 4 千克育苗素)。

（3）适时播种

10月下旬至11月上旬播种。每亩用种40克左右。播种前浇透水，等水下渗后，将催芽种子连同细砂均匀撒在床面上，然后覆盖1厘米厚的营养土。为防止番茄猝倒病发生，播种覆土后，每平方米用8～10克50%多菌灵或50%托布津拌上营养土再撒一层，厚度不超过0.5厘米。

（4）播后管理

① 温度：出苗前，白天控制在25～28℃，夜间12～18℃；齐苗后，白天降到15～17℃，夜间10～12℃。出苗至2片真叶期，为防止徒长要及时通风，白天气温达到22℃时开始通风，使棚温保持在25～28℃，夜间控制在12～15℃。

② 湿度：齐苗前，棚内空气相对湿度控制在70%～85%，齐苗后控制在50%～60%。如幼苗缺水，可在晴天上午喷水补充水分。

（5）适时定植

① 整地施基肥：定植前清除前作秸秆，消毒闷棚一昼夜。每亩施入优质有机肥6 000千克以上，磷酸二铵30千克，硫酸钾25千克，深翻40厘米，再刨一遍使土肥掺匀，打碎土块后耙平，做成高畦，开定植沟。

② 定植方法、密度：定植株距和株数根据整枝方法决定，常规整枝法（即三穗果单杆整枝法），小行距50厘米，大行距60厘米，株距28～30厘米，每亩3 500～4 000株；连续摘心整枝法，小行距90厘米，大行距1.1米，株距30～33厘米，每亩保苗1 800～2 000株。按行距开沟，把幼苗按株距摆入沟中，少量埋土稳住苗坨，随后顺沟浇定植水，等水入渗后覆土封垄，2～3天后细致松土培垄，用小木板把垄台、垄帮刮光，在小行间和两垄上盖一幅地膜。50厘米的小行距用幅宽80

厘米的地膜,90 厘米的小行距用幅宽 1.3 米的地膜。

(6)及时分苗

① 分苗:一般在播种后 20～25 天,幼苗 2～3 片真叶,花芽分化前进行。取单株栽入营养钵内,用细土盖平。

② 分苗后的温度管理:分苗完成后扣小拱棚保温保湿,白天气温控制在 25～28℃,夜间 15～18℃,地温 15～22℃;3～5 天缓苗后,白天气温控制在 18～22℃,夜间 13～15℃,地温 14～18℃;定植前 5～7 天,白天气温控制在 15～17℃,夜间 10～12℃,地温 8～15℃。

③ 增加光照:在苗床北侧张挂反光幕,以提高光照强度,促进光合作用。

(7)及时采收

番茄从开花到果实成熟的时间因品种和栽培条件而异,一般早熟品种 40～50 天,晚熟品种 50～60 天。果实成熟可分为绿熟期、转色期、成熟期和完熟期。作为商品果,以果实顶部着色达到 1/4 左右时进行采收为宜。

51. 温棚春茬番茄管理要点

(1)温度管理

定植后 1 周内不通风,以保温为主,促进还苗;当棚内温度超过 30℃时,应立即通风换气。还苗后,棚内温度白天保持在 25～28℃,夜间保持在 15℃以上。晴天中午,可在温棚两腰间放气,以避免棚内温度过高,并在 5 月初揭膜。

(2)肥水管理

氮肥用量要适当控制,谨防徒长,一般追肥 3～4 次。不盖地膜的番茄,要将肥料直接施于畦面,盖地膜的番茄则要开孔深施。

①追肥时间:第一次在第 1 档果实膨大期,每亩施复合肥 10 千克或尿素 5 千克、过磷酸钙 25 千克,并清沟培土;第二次在 2～3 档果实膨大期,每亩施复合肥 30 千克;第三次在 4～5 档果实膨大期,每亩施复合肥 35 千克。若番茄坐果多,又出现脱肥现象,还需增加追肥次数和用量。

② 灌水时间和数量:可根据棚内土壤湿度和植株生长情况而定,一般每 7～10 天浇水或灌水 1 次,盛果期适当增加水量,盖地膜的则以沟灌为主。另外,雨后要注意排水,谨防温棚四周水分内浸,造成渍害。

(3)整枝摘心

无限生长型番茄,可采用一秆半或双秆整枝;有限生长型番茄,可保留第 1 花序下的 1 个侧枝,该侧枝以下抽生的侧枝应整掉,主枝也要及时调整,切勿整掉有效侧枝。5 月底至 6 月上旬,根据植株生长情况摘心,在最后的花序上留 2 叶后摘顶。

(4)保花保果

由于早春温度低,番茄不易结果,应使用激素确保第 1 档花的坐果率,增加早期产量。花期使用 15～25ppm 的 2,4-D 点花,药液要加色以利区别,防复点,减少裂果。4 月中下旬花数大增,温度升高,可用 30～40ppm 防落素喷花,提高坐果率。

(5)早熟催红

早期番茄果实充分膨大呈炒米色时,进行株上催红,即用 3 000～4 000ppm 的乙烯利涂抹果面,可提早 5～7 天上市。

(6)防治病虫害

常见的番茄病害有早疫病、晚疫病、叶霉病、病毒病和青枯病等。早疫病、晚疫病和叶霉病可用 75% 百菌清 600～800 倍液,或 80% 代森锌 700～800 倍液喷治;病毒病发病初期可

喷 20％病毒 A 或 15％病毒灵 500 倍液 2～3 次；青枯病可用
100～200ppm 农用链霉素防治。以上药液要求在番茄定植
后每隔 7～10 天喷 1 次,共喷 3～4 次,发病后连喷 2～3 次。
同时,实行轮作,日常管理要及时拔除病株,摘除病叶、病果,
加强肥培管理,通风透光,降低田间湿度,增强植株抗病能力。

常见的番茄害虫有蚜虫和棉铃虫等,要及时进行田间调
查,及时喷药防治。发现蚜虫,可选用 25％菊乐合酯 1 500 倍
液,或 10％吡虫啉 2 500 倍液喷杀。发现棉铃虫可用 50％辛
硫磷 1 000～1 500 倍液喷杀。

（7）及时采收

成熟的番茄应及时分批采收,减轻植株负担,确保果品品
质,促进后期果实膨大,提高产量。番茄败蓬后,应及时清园,
销毁枯枝残叶,以减少田间病原残留,确保下茬安全。

52. 温室韭菜栽培的管理措施

（1）温度管理

韭菜性喜冷,生长发育的适宜温度为 15～24℃,一般温
室均能满足。因此,在管理上,白天应注意适当通风。为促进
萌芽,扣棚后,白天温度应控制在 18～25℃；萌芽后,白天温
度控制在 17～23℃；第一刀韭菜收割前,白天温度控制在
15～22℃,夜间温度控制在 10～12℃。

（2）肥水管理

韭菜生长要求较低的空气湿度和较高的土壤湿度。温室
空气湿度应控制在 60％～70％,土壤绝对含水量应控制在
13％～15％。对于黏重土壤,一般扣棚前浇过水的即可不再
浇水。为促进下一刀韭菜的生长,可在第一刀韭菜收割前 5
天浇一次水,每亩可施 15～20 千克硝酸铵,溶解后随水浇施

即可,以后每刀韭菜收割前 5 天都要浇水并增施肥料。若进行叶面施肥,可在韭菜生长期间,每隔 7 天喷一次磷酸二氢钾 300 倍液或赤霉素 40 000 倍液。当韭菜长到 15 厘米时,每亩用赤霉素 1 克兑水 50 千克,再加入 0.5%的硝酸铵喷施,效果更好。

53. 温棚秋冬茬番茄定植后的温度管理

温棚秋冬茬番茄定植后,我国大部分地区正处在光照强、温度高、雨季未过、病虫害盛发的秋末季节。通过采取前期降温、防晒、防雨等措施来进行温度管理,不仅能保证番茄的正常生长,还能有效防治病虫害。

温度管理措施:

将温室大棚前缘草苫揭开 1 米高左右,棚后开天窗进行通风换气。前屋面有塑料薄膜覆盖的,在晴天高温时段,要适当放几床草苫以遮荫降温。雨天则要及时把塑料薄膜盖严,防止大雨、暴雨灌畦积水。

进入结果中后期,当外界气温达到 16～18℃时,白天要根据天气情况和棚温,掌握通风大小和时间长短,将棚温控制在 25～28℃,不要超过 30℃;夜间要逐渐停止通风,使棚温保持在 15～17℃。

进入初冬期,当气温降至 8℃左右时,夜间要注意防寒保温,草苫可适当揭盖,白天基本不再通风。

54. 温棚内如何增施二氧化碳

一般情况下,蔬菜的光合作用会不断消耗温棚内的二氧化碳,在得不到及时补充的情况下会表现出气源缺乏,浓度降低。而较低的二氧化碳浓度会抑制光合生产的正常进行,从

而减弱蔬菜的抗逆性,降低其经济产量。因此,应适时对温棚内的二氧化碳进行调节补充。常用方法有:

（1）增施有机肥

这是生产中补充二氧化碳的主要方法。试验证明,有机肥在施入土壤后,经过腐烂可释放出大量二氧化碳。有机肥应以秸秆、牲畜和家禽粪便为主。对于温室黄瓜栽培,基肥一般可按每亩 10 000 千克以上的标准施用。

（2）通风换气

在外界温度允许的情况下,坚持每天通风换气,使温棚内二氧化碳得到自然补充。

（3）燃烧法补充

使用的燃料一般为木材、煤油、沼气等。燃烧法,不但能产生二氧化碳,而且还能提高室内温度,降低空气湿度,只要操作正确,增产增收效果显著。燃烧法一般每天使用两次,一次在拉开草苫后 1 小时左右,另一次在傍晚盖苫后。燃烧释放的二氧化碳所产生的温室效应,可显著减少室内的热量辐射散失,能明显提高夜间室内温度,降低室内的空气湿度,对保温、防病和增产效果明显。

具体方法:每日上午 08—10 时,用无底的薄铁皮桶,桶底串设粗铁丝作炉条,桶内点燃碎干木柴或煤油。使用此法,一要做到足氧、明火充分燃烧,防止因燃烧不充分产生一氧化碳（CO）等有害气体危害作物;二要让火炉在室内作业道上移动燃烧,以免造成高温烤苗;三要严格控制燃烧时间,400 平方米左右的温室,燃烧时间每次不得超过 30 分钟,以免燃烧时产生的有害气体超量,危害作物。

（4）施气肥

固体二氧化碳气肥为褐色,直径 1.0 毫米,扁形或扁圆形颗粒,每粒 0.6 克,含二氧化碳 0.08～0.096 克。以每亩施用量 40 千克为例,施入后 6 天开始释放二氧化碳,棚内浓度可达 1 000 毫克/升,有效期 90 天,高效期 30～40 天。释放完二氧化碳的肥料残渣含有效磷 20.7%,速效氮 11.0%,是很好的复合肥。一般于蔬菜开花前 10 天左右施入,挖 2 厘米左右深的条沟,施入后覆薄土(1～2 厘米)。

　　使用固体二氧化碳气肥应注意以下几点:① 保持土壤疏松、湿润(覆土后不要踩实)。② 施肥后的放风可照常进行,但以棚体中上部开风口为宜。③ 勿将二氧化碳气肥撒至花、果、叶等幼嫩器官,以免烧伤。④ 低温、干燥处保存,勿放置过久。

　　(5)化学法

　　用化学法补充棚内二氧化碳的原理就是,在可防硫酸腐蚀的容器中,用稀硫酸(将 98% 的工业硫酸与水按 1∶3 的比例混合)和碳酸氢铵反应生产二氧化碳。

　　施用方法:一般按顺棚体方向,每隔 6～7 米左右均匀放置一个塑料盆或塑料桶作为反应容器,容器的放置密度一般以每亩 40 个为宜。放置时要将容器吊在棚架上,容器口略高于蔬菜。将稀释后的硫酸溶液以每份 0.5 千克均匀分配到每个容器中。在预定的时间到来时,向每个盛有硫酸溶液的容器内加入 90 克碳酸氢铵,即可看到有大量二氧化碳放出。

　　一般向容器中加入 1 次稀硫酸,可供 3 日加碳酸氢铵之用。当加入碳酸氢铵后不再冒泡或白烟,说明硫酸已被完全消耗。反应后的余液为硫酸铵溶液,可兑水 50 倍以上,作为肥料在大田使用。

　　需要注意的是,① 配置稀硫酸时,必须将硫酸徐徐倒入清水中,严禁把清水倒入硫酸中!以免酸液飞溅,烧伤作物与操作人员。② 向桶内投放碳酸氢铵时,要轻轻放入,切记不可溅飞酸液。

55. 温棚蔬菜病虫的绿色防治

① 高温闷棚:该法可用于黄瓜霜霉病及番茄叶霉病的防治。一般在植株生长盛期病害发生迅猛时,于头天将菜园灌足水分,喷一遍杀菌药,次日(需是晴天)只揭苫,不放风。待栽培黄瓜的大棚温度升至 44～45℃、栽培番茄的大棚温度升至 40～45℃时,保持 2 小时,再徐徐放风降温。若在发病高峰期,可 4 天后再闷棚一次,10～15 天后再巩固一次即可。另外需要注意的是,由于番茄开花前对高温敏感,高温闷棚应在番茄坐稳果后进行。否则,易导致落花落果,造成人为减产。

② 高垄膜下暗灌:通过对蔬菜定植行起高垄,上覆地膜,浇水时采取膜下暗灌,不仅能减少菜畦地表水分蒸发,保证植株生长需水,还能有效降低温棚内的空气湿度,切断地表病菌的传播途径,起到防病之效。

③ 严格控制浇水时间:浇水时间宜选在晴天上午,尤以早上为好。早上浇水后,当中午室温达 32℃时,可放风排湿,反复 2～3 次,即可有效降低温棚内的空气湿度。若在下午浇水,则菜畦的水分蒸发以及植株蒸腾所产生的汽化水会滞留在温棚内,致使棚内空气湿度于傍晚盖苫前就已达到饱和,加大了喜温湿的霜霉病病菌对蔬菜的侵害机会。

④ 挂设反光幕:在栽培区北侧,东西向悬挂一张 2 米宽的反光幕,可使反光幕南侧 3 米以内的光照强度增强10%～30%。这样做能有效减少弱光带,提高室温,增加北部栽培床的昼夜温差,减少由于弱光照所诱发的多种病虫害的

发生机会。同时,张挂反光幕后,温棚内增温快、空气湿度明显下降,可缩短叶面结露时间,不仅能有效减轻黄瓜霜霉病、番茄灰霉病、晚疫病,还可起到避蚜、驱蚜作用。

⑤ 覆盖有色薄膜:在薄膜中加入蓝色,有较好的除草效果,可用于前期提高地温和后期降低地温,以减轻棚内湿度,阻碍土壤中病菌的传播,对减轻茄子绵疫病和番茄晚疫病的发生机率与危害程度都十分有效。

⑥ 采用紫外线阻断膜:使用紫外线阻断膜可以阻断紫外线对灰霉病、核盘菌、黑斑病菌、早疫病菌的照射刺激,使其孢子不能正常发芽或菌丝受到抑制,从而推迟或减轻其发病时间与危害程度。

⑦ 采用三层无滴长寿农膜:此种农膜的寿命是常规农膜的 2～3 倍,膜内温度提高 1.5℃,且表面不凝结雾滴,能有效防止害虫、病菌的发生、繁衍。

⑧ 采用热效应膜:此种薄膜可使棚内温度提高 1.5～4.5℃,从而降低棚内湿度,限制各种病菌的滋生、繁衍。

56. 温棚冬春茬芹菜如何调温控肥水

(1)温度调控

前期管理注意温度控制,一般来说,温棚内气温白天维持在 15～25℃;地温保持在 20℃,但夜间不低于 10℃。进入 11月中旬,当外界气温降至 6℃左右时,可将温棚扣严。遇寒潮降温天气时,夜间要加盖草苫防寒。进入初冬后,每天早上揭苫、晚上盖苫,注意保温。深冬季节,外界气温明显下降时,温棚内夜间最好加盖 2 层保温幕,以防寒害、冻害。

(2)肥水管理

11月上、中旬,新根和新叶已大量发生,此时可按每亩施三元复合肥 14～18 千克的标准施肥一次。第二次追肥要以速效氮肥为主,可每亩随水冲施硫酸铵 10～15 千克。定植后,初期气温稍高,土壤蒸发快,一般可结合追肥每 4～5 天灌水一次,保持畦面湿润,以利于新根发生。

57. 温棚黄瓜的缺素症状与补救

(1)缺氮

黄瓜缺氮表现为植株矮小、瘦弱,叶色淡绿,下部叶片先老化变黄甚至脱落,后逐渐上移,遍及全株。

补救方法:及时追施速效氮肥。一般可每亩用尿素 15～20 千克兑水浇施,或每亩用 1%～2%的尿素水溶液 50 千克喷施叶面。

(2)缺磷

黄瓜缺磷表现为植株生长缓慢、矮小,茎叶富含木质,叶片变小,叶色暗绿、无光泽,严重时呈紫红色,叶片卷曲,组织坏死。

补救方法:每亩追施过磷酸钙 20～30 千克,或用 0.2%～0.4%的磷酸二氢钾水溶液叶面喷施 2～3 次。

(3)缺钾

黄瓜缺钾时,最初植株下部叶片呈浅灰绿色,随后呈青铜色或黄褐色,叶缘变为褐色,沿叶脉出现坏死病斑,叶肉组织腐烂死亡。严重时也向新叶发展,茎细长变硬,根势弱、色变褐。

补救方法:立即追施硫酸钾等速效肥,亦可叶面喷施 1%～2%的磷酸二氢钾水溶液 2～3 次。

(4)缺钙

黄瓜缺钙表现为植株矮小,未老先衰,茎端营养生长缓慢,形成粗大富含木质的茎;幼叶卷曲,叶缘变黄失绿后从叶尖和叶缘向内死亡;植株顶芽坏死,但老叶仍绿。拔出植株,可见侧根尖部死亡,呈瘤状突起。

补救方法:每亩用 1‰氯化钙水溶液 50 千克均匀喷透叶面。

（5）缺锰

黄瓜缺锰时,植株上部幼叶失绿或产生褐色斑点、落叶,后发展到黄叶及茎上部变褐枯死。

补救方法:保持土壤中性,并每亩追施硫酸锰 1～1.5 千克;也可在花期、幼瓜期每亩用 0.05%～0.2%的硫酸锰水溶液 50～75 千克,叶面喷施 1～2 次即可。

（6）缺硼

黄瓜缺硼时,植株生长点萎缩变褐干枯,新形成的叶芽和叶柄色浅发脆、畸形,节间变短,茎顶簇生小叶,株形丛状,叶片卷曲。严重时,根生长受阻,变褐腐烂。

补救方法:应防止土壤酸化,根外追施 0.2%～0.3%多元素硼肥,或 0.1%～0.2%硼酸水溶液,一般在黄瓜营养生长后期和生殖生长期各喷一次、每亩每次喷肥液 50～75 千克即可。

（7）缺镁

黄瓜缺镁现象多发生于生育后期,表现为老叶叶肉先黄而叶脉仍绿,继而出现病斑,并向新生组织部位转移,直至枯死。

补救方法:每亩可用 0.2%～0.5%的硫酸镁水溶液 50 千克,进行叶面喷施 1～2 次即可。

（8）缺锌

黄瓜缺锌时植株叶色发黄失绿,有斑点,叶脉间组织坏死,茎变短。

补救方法:用 0.05%～0.2%农用硫酸锌水溶液,每亩根外追施 50～75 千克肥液。

(9)缺铁

黄瓜缺铁时幼叶叶脉间褪绿,呈黄白色,严重时全叶变黄白色,进而干枯,但无坏死斑,也不出现死亡。

补救方法:每亩叶面喷施 0.1%～0.2%的硫酸亚铁水溶液 75 千克,间隔 7～10 天一次,共喷 2～3 次。

(10)缺铜

黄瓜缺铜时,植株生长弱,嫩叶萎蔫但不失绿,茎尖细弱,仍存活,无坏死斑点。

补救方法:叶面喷施 0.05%硫酸铜水溶液。

(11)缺钼

缺钼时植株长势差,老叶褪绿,叶缘和叶脉间的叶肉呈黄色斑状,叶缘向内卷曲,叶尖萎缩,常造成植株开花不结瓜。

补救方法:每亩喷施 0.05%～0.1%的钼酸铵水溶液 50 千克,分别在苗期与开花期各喷 1～2 次。

58. 西芹秋延迟栽培技术

① 适时播种育壮苗。在黄淮平原,西芹秋延迟栽培的适宜播期为 7 月下旬到 8 月上旬。播前种子处理时,先用冷水浸泡 24 小时,再搓洗数遍,捞出晾干后将其包裹或放在瓦盆中,置 15～20℃环境下催芽,其间每天将种子包翻动一次,每隔 2 天将种子淘洗一遍,6～7 天后大部分种子露白时即可播种。

② 准备苗畦、及时播种。西芹种粒小,顶土能力弱,苗床宜选地势高、土质疏松,肥沃的砂壤土。施足基肥,浅翻耙平,

做成 1.2 米宽的畦,播前浇足水。待水入渗后,将催好芽的种子掺少量沙或细土均匀播种,播后盖上 0.5～1 厘米厚的细土,每亩苗床用种 1～1.25 千克,可栽 5～6 亩地。

③ 培育壮苗。播种后,用草帘或麦秸架于畦埂上遮荫,覆盖物不要直接接触畦面,出苗后每天早晚将草帘揭开,中午盖上,10 天后去掉草帘。播种后畦面喷洒 25% 除草醚 300 倍液防草害。间苗保留株距 2～3 厘米,小水勤浇,4～5 片叶时追施硫酸铵 10～15 千克,以后减少浇水次数育壮苗。

④ 适时定植,加强定植后的田间管理。8 月下旬定植,每亩施有机肥 5 000 千克,深翻、耙平、整细,株距以 15 厘米为宜。缓苗后浇缓苗水,中耕要耕深耕透,直到出现干旱时再浇水。芹菜进入迅速生长期时,每亩追复合肥 20～30 千克,每5～6 天浇水一次。芹菜多发生斑枯病,可用 75% 百菌清喷雾防治,每 7 天喷一次,连喷 2～3 次;用乐果等防治蚜虫。

⑤ 适时收获。在 11 月下旬加盖草苫等保温防寒,延至元旦上市可获取较高经济效益。

59. 早春茬温棚蔬菜如何灌水

由于温棚蔬菜生产的特殊性,决定了温棚内土壤中的水分主要来源于温棚休闲期自然降水在土壤中的贮存和封棚后的人工补水。温棚土壤水分消耗主要是蔬菜蒸腾和土壤蒸发。总的来看,温棚内土壤水分的消耗少于露地,使得温棚内的土壤湿度在多数时间内比露地高。通常由于密闭的塑料薄膜阻挡了温棚内水汽的散失,加之土壤毛细管的抬升作用,即使在土壤下部水分不足时,温棚土壤表层也常呈湿润状态,常就给人们一种不缺水的错觉。从季节上看,在早春时节特别是冬末春初时期,气温偏低,作物生长缓慢,加上通风量小,温棚密闭时间较长,土壤水分消耗相对较少。然而此时,若干旱缺水,蔬菜不仅生长更加缓慢,还易引起蔬菜萎蔫和叶片枯焦等现象,在恰遇蔬菜开花时缺水,还易引起落花落果;但若水分过多,则会因土壤缺氧而造成蔬菜根系窒息,导致变色腐烂,地上部分则会因此而变得茎叶发黄,严重时蔬菜整株死亡。因此,早春茬温棚蔬菜的灌水必须科学运筹,方能确保低温季节蔬菜生产的稳定。从各地实践看,早春茬温棚蔬菜灌水要做到"三看",即看天、看地、看苗情。

所谓看天,就是要根据天气状况,掌握"晴天适当多浇,阴天少浇或不浇,风雪天切忌浇水"的原则。当天气由晴转阴时,浇水量要逐渐减少,间隔时间适当拉长;天气由阴转晴时,浇水量可由小到大,间隔时间由长变短。同时,做到施肥与浇水结合进行,并在施肥浇水后及时通风换气,降低温棚内空气湿度。

所谓看地,就是要根据蔬菜畦土壤水分情况来确定是否灌水。一般应扒开土壤查验墒情,切忌不可仅凭地表湿润状况决定。当判断土壤确实缺水时,再结合蔬菜种类和生育阶段确定灌水量。一般来说,黄瓜叶片肥大,气孔多而大,蒸腾旺盛,因而耗水就多。番茄、茄子、辣椒耗水则相对偏少。

所谓看苗情,就是视蔬菜所处的发育阶段来确定灌水量。比如黄瓜前期耗水少,盛果期耗水多。在管理上,可采取前期少浇水,盛果期多浇水的方法。

同时,温棚灌水还要注意掌握好方法和时间,并注意灌后通风。一般来说,宜采取垄间地膜暗灌。即对采用宽窄行、垄上盖地膜栽培的蔬菜,可间隔一行进行膜下暗灌。浇水时间要适当安排在中午前后,以上午10点以后下午3点以前为好。因为这个时段棚温较高,浇水后副作用最小。切记要避免清晨和傍晚浇水,以防引起蔬菜冻害。浇水应尽可能用井水,因井水温度较高,可减少对蔬菜的生理刺激。

灌水次数和水量,可根据蔬菜种类和不同的生育期确定。在低温条件下,棚内蔬菜蒸发慢,需水量相应减少,故浇水量要小,间隔时间适当长些,切忌大水漫灌,应以浇灌或喷雾为宜,以免低温高湿导致蔬菜沤根。浇水后的头两天,易引起棚内湿度加大,应注意合理通风降湿,防止诱发病害。通风一般在中午气温较高时为宜。在幼苗定植时要浇缓苗水;低温季节蔬菜发棵期要适量控制浇水;果菜类第一批果实开始膨大时,要逐渐增加灌水量;结果盛期始终要保持充足的水分,棚内土壤含水量不能低于20%。

另外,温棚内不同部位的灌水量也要有所不同,这主要是由于温棚内各部位的温度相差较大所致。如温棚南端及靠近加温火炉、烟道等热源的地方,土壤蒸发量大,灌水量可适当大些;而温棚东西两侧及北部温度较低区域,日照时间短,灌水量宜适当少些。

60. 菜豆秋延栽培技术

(1)品种选择

矮生菜豆秋延迟栽培宜选用适应性比较强、对温度适应范围广、早熟丰产的品种,如"法国地芸豆"(又叫"嫩荚菜豆"、"北京快豆"等)、"供给者芸豆"、"黑地芸豆"、"吉农快引豆"、"矮早18"、"冀芸2号"、"新西兰3号"等。架菜豆品种有"秋抗19号"、"黄县八寸"、"诸城老来少"、"碧丰"、"扬白313"、"春丰2号"、"芸丰"、"哈菜豆1号"等。

(2)适期播种

黄河中下游地区,用小拱圆覆盖秋延迟栽培矮生菜豆的适宜播种期是 8 月下旬,阳畦秋延迟的适宜播种期是 9 月上旬。播种过早,结荚期也早,产品上市期提前,达不到延迟上市的目的。播种过晚,后期温度满足不了矮生菜豆生长的要求,不仅植株及豆荚生长缓慢,而且易落花落荚,产量很低。播种前要进行选种,淘汰秕粒、碎粒、有虫咬伤口及颜色不正的种子,选粒大饱满、颜色鲜亮的种子用于播种。一般干籽直播,行距 33 厘米,穴距 30 厘米,每穴播 4～5 粒种子。覆土厚度要一致。覆土太薄,表土易干,种子发芽不易扎根,有时出现跳籽现象。

(3)田间管理

出苗后应及时中耕。土壤干旱时浇 1 次小水,结合浇水追提苗肥,每亩追硫酸铵 10～15 千克。以后及时进行中耕,增强土壤通透性,促进幼苗发根。中耕后蹲苗 10～15 天。结束蹲苗时追施硫酸铵 10～15 千克,然后浇水,促进发棵。以后,再中耕 1 次,然后控制浇水,避免植株徒长,造成田间郁闭,影响开花坐荚。植株开花坐荚期停止浇水,防止植株徒长引起落花落荚。当荚果最大的已有 2～3 厘米长时可以浇水,并冲施稀粪,不过浇水量要小,防止畦内湿度过大,大约 7～10 天浇水 1 次就能保证豆荚正常生长。

(4)地膜覆盖

10 月上旬,阳畦秋延迟栽培需打畦墙、立风障;小拱棚延迟栽培的需插拱杆。此时夜间低温不适于菜豆生长,应盖膜保温。10 月中、下旬,气温逐渐降低,白天温度达不到 20℃时也需盖膜保温。晴天中午适当通风,防止高温对开花坐荚造成伤害。只盖薄膜不能保持夜间棚温在 10℃以上时,应盖草苫或苇苫。进入 11 月份,严盖薄膜,少通风或不通风,草苫或苇苫适当晚揭早盖,必要时增加厚度。若保温材料的保温性能好,温度管理得当,采收期可延到 11 月下旬到 12 月上旬。

61. 温棚香椿高产栽培技术

香椿嫩芽及嫩叶香气浓郁,脆甜甘美,有很高的营养价值,自古就是菜中上品。据测定,每 100 克香椿嫩芽含维生素 C 高达 50～60 克以上,蛋白质 6～10 克,还含有丰富的胡萝卜素和钙、磷等矿物营养成分。同时,香椿还能清热解毒、健胃理气,对多种致病菌有良好的抑制作用,因此食疗价值较高。利用温棚进行矮化密植栽培,可使香椿嫩芽在元旦、春节前后上市,一直持续采收至清明前,不仅调节了市场,而且经济效益也大为提高。

(1)温棚建造

宜选择在通风向阳、地势平坦、土质肥沃、排灌方便的地方建造温棚。温棚宽 6 米,长 22 米(或据地形条件而定),后墙高 1.7 米,侧墙高 2.4 米(距离后墙 1.5 米处),墙体用麦草泥或稻草泥跺成。在后屋顶上,每隔 4 米开一个直径为 12 厘米的通风口。前屋面为两折式,下部与地面成 60°角,上部与地面成 35°角,室内紧靠后墙修建火道,在进口处设缓冲间以加强保温。

(2)栽培技术

① 前期管理。深翻土壤,施足基肥。基肥以腐熟的优质农家肥为主,并辅以适量磷钾无机肥。田内做成 1.5 米宽,4.5 米长的畦子,苗木入室前还要用高锰酸钾溶液进行棚内消毒。

② 移植。秋季霜冻来临之前,一般在 11 月中旬,大约在香椿苗落叶后,起苗移植。为提高温棚栽培效益,宜选用高

50～60 厘米，茎粗 1 厘米左右的一年生香椿苗，分级、并按南矮北高的顺序栽植于温棚畦内，每平方米栽植 100～150 株，栽后立即浇透移植水。移植后 20～25 天时及时覆膜，以促使幼苗通过休眠期。

（3）温光调控

① 温度。移植后 10～15 天为缓苗期，白天温度控制在 10℃以上；从椿芽萌动到生火加温期间为萌动期，白天温度控制在 15℃左右；此后到采芽期间为促生期，白天温度控制在 18～25℃，夜间控制在 13～15℃；从开始采芽到结束采芽为采芽期，此间温度继续控制在 18～25℃，以保证椿芽正常生长。控温措施为通风，揭盖草苫和生火加温。

② 光照。薄膜上吸附的水珠对光照有一定影响，要及时清除，以增加必要的光照，加快室内温度回升。不过，温棚栽培椿芽主要依靠树体贮存的养分，故以较弱的光照为好。因此平时管理中，不可为透光揭去覆盖物而导致室内温度下降过多。

③ 水肥管理。温棚内空气相对湿度宜保持在 85%以上，每 10 天左右浇水一次，每次采收后要追肥，每亩畦面追施尿素 25 千克左右。同时每 5～7 天，再叶面喷施一次 0.3%的尿素和 0.3%的磷酸二氢钾水溶液。但在椿芽萌动期，湿度宜控制在 60%～70%，湿度过大会导致发芽迟缓且香味大减。降低空气湿度的措施一般是在中午打开通气孔 2～3 小时进行通风除湿。同时要保持地面疏松，以减少土壤水分蒸发，降低室内湿度。

（4）采收

当椿芽长至 12～15 厘米时，可进行第一次采收，将顶芽全部采下，促进侧芽萌发生长，以后均按此法采收，一般每隔

7～10天采收一茬,直至翌年3月下旬约60天时间,长者甚至可到3月底。

(5)采收后的香椿苗木管理

清明前后,露地香椿陆续上市,温棚内椿芽已不宜再采,应及时将苗木移到露地培育,为来年生产作好准备。当外界气温稳定在10℃以上时,通风炼苗3～5天后,将苗木移出,按25厘米×30厘米的株行距载到育苗地里,然后进行平茬。一般来说,一年生苗自根颈向上留10厘米,二年生以上苗留15～25厘米,截去茎干,并逐年提高平茬高度,以保证选留生长旺盛的侧芽。幼芽长出后,留一壮芽,并加强水肥管理,待长至50厘米高时摘心,进行矮化促杈,控制株高。

62. 温室秋冬茬黄瓜栽培技术

(1)选择适宜品种

从各地近年实践看,宜选用的品种有"津研"系列黄瓜中的"4号"、"7号"和"北京刺瓜"、"佳木斯青刺"及"太原黑窝蛇"等品种。

(2)适时育苗

要选择干燥地块做高畦,苗床上部搭荫棚并配备防雨设施,谨防受雨。

(3)育苗方法

可用纸筒(袋)或塑料杯装入营养土播种育苗,以护根、稳根,促苗生长。栽培苗龄达25天左右即可间苗。每间温室做东西向3个高畦,行距1米,畦宽40厘米,畦高16～20厘米,相应留出南、北、中3条走道。每间温室栽苗60株。

(4)管理措施

进入营养生长阶段(定植至根瓜形成),屋面覆盖农膜,加强通风,严格控制湿度。进入结瓜阶段,要及时生火炉保温,及时揭盖草帘,充分利用自然光照,防止化瓜。看天、看苗情,合理进行肥水管理。凡根瓜没有采收前,切忌浇大水,以免引起沤根、徒长。此时以蹲苗控秧为主,防止营养生长过旺而推迟坐瓜。

其次,追肥时间要掌握恰当,过早疯了秧,过晚误了瓜。一般而言,当根瓜长到 15 厘米左右,腰瓜退下花时,是追肥的良机。要粪水、清水交替,少量多次地施用,切忌浓肥伤根死苗。

另外,在温度管理上,定植至蹲苗期,白天室温以 25℃ 为宜,夜间以 20～22℃ 为宜;根瓜生长期白天以 24～26℃ 为宜,夜间以 20℃ 为宜;结瓜盛期温度可适当提高,白天以 25～27℃ 为宜,夜间以 22℃ 左右为宜。

63. 温棚黄瓜如何进行常温与高温管理

温棚黄瓜的常温管理与高温管理,就是在黄瓜进入盛瓜期时,依据不同的温度指标和条件进行管理的两种方法。

常温管理的温度指标是,晴天白天上午温棚内气温控制在 25～32℃,不超过 35℃,下午 23～26℃,夜间最低 13～15℃。同时依据墒情,适量浇水,适时追肥。实践表明,经常温管理的黄瓜,植株长势健壮,结瓜时间长,总产量高。

高温管理则是在培育壮苗壮株的基础上,从结瓜开始,逐步提高棚内温度,加大肥水用量。待进入盛瓜期,温棚只采取小放风的方式,棚内小气候以高温、高湿、强光为特点。其具体调控措施与指标是:早晨揭苫后不通风,促使温度尽快升高,白天温度可达 35～38℃,如超过 40℃,就应开启通风口控温;夜间温度可控制在 18～20℃,较高的夜温可使次日揭苫后迅速达到光合作用所要求的温度指标;阴雨天白天温度不可能较高时,夜温可在16℃左右,如阴雨天数多,夜温还可以适当降低。

实行高温管理期间,黄瓜茎叶生长快,甩瓜快,结瓜连续进行。一条瓜,从开花到采收只需5～6日,还会出现一株同时结瓜2～3条的情况,产量高且集中。但随后就有可能出现一个低产期,瓜秧上瓜纽少、结瓜稀,这种情况在夜温达22℃以上时极易出现。遇到这种情况,关键是降低夜温。标准是以次日揭苫时,室温在14℃左右为宜,并适度控制浇水。以后根据结瓜是否趋于正常,再决定是否采用高温管理。

另外,实行高温管理的另一个好处是,高温抑制了霜霉病的发生。然而,高温管理是以高湿和高二氧化碳浓度为基础条件的。若没有这两个条件,高温就是有害的。因温室黄瓜在高温条件下光合作用强度大,必须有较高的二氧化碳浓度作物质保证。温棚内二氧化碳若不足,可通过施用固体二氧化碳肥料来解决。

64. 大棚辣椒定植后的管理

（1）控制温度

定植后的温度应该控制在27～28℃。在此范围内,可于中午前后进行短时间的放风除湿。同时,辣椒缓苗后尽早铺设地膜,不能做到地膜全覆盖的,可以在过道均匀地撒一层麦秸,这样既有利于降低棚内湿度,减少病害的发生,又能起到疏松土壤的作用。但麦秸在使用前需用少量多菌灵进行杀菌处理,以免传染病害。

（2）合理浇水

椒苗定植后1个月内不浇水,以防止地温下降。一般要深划锄 3～4 次,以利于土壤通气增温。进入始花期,要进行第一次培土。在门椒坐住后,可每亩追施尿素 10～15 千克,并进行两次培土。在此期间切忌灌大水,浇水后墒情适宜时将沟底划锄。

(3)科学施肥

基肥可施用常规复合肥,以提高地力。但在定植后要严格禁止施用化肥,以保护根系。在椒苗定植后,为生根壮苗,可每亩小水冲施"苗宝"10 千克。门椒采收后,追第一次肥。全生育期要追肥 3～4 次,每次每亩追施尿素或三元复合肥 5～10千克。每追 1 次肥要浇水 1～2 次。当四门斗椒采收后,要叶面喷施 0.2%～0.3%的磷酸二氢钾或 0.2%的尿素水溶液,也可喷"丰收一号"或其他微肥,以防治辣椒出现早衰。

(4)保证光照

定植后,若天气晴朗,草苫要早揭晚盖,使椒苗多见光,见强光、延长光照时间。定植 1 个月内,在保证温度的前提下,遇连阴天气,也要揭掉草苫,使椒苗多见散射光,以增强其个体素质。

(5)及时防病治虫

对病虫害要及时调查,及时防治。对蚜虫、蛀果夜蛾、病毒病、根腐病、疫病等,要以防为主。在辣椒定植前,每亩用 1～2千克的"向农四号"拌土后撒入定植穴内,能有效控制根部病菌对定植后椒苗的为害。

65. 温棚黄瓜发生冷害、冻害的原因及预防、补救措施

产生冷害、冻害的原因:

① 持续低温。温度降得愈低,低温时间持续愈长,黄瓜

冷、冻害愈重;反之,愈轻。

②温度骤变。气温若逐渐下降,冷、冻害则轻。如果低温后遇晴朗天气,会加重冷、冻害;反之,低温后逢多云天气,气温逐渐回升,有利于受害黄瓜逐渐恢复正常生理活力,冷、冻害则轻。

冷害、冻害的预防措施:

①采用嫁接苗。据灾后调查,同一温室内未嫁接植株的全株萎蔫率达 10%以上,而嫁接植株只有 1%左右。

②适当浇水施肥。立春前,温室黄瓜易受寒流侵袭,要少施氮肥,同时控制浇水,以免引起徒长。调查发现,徒长植株受冷、冻害较重。

③熏烟防寒。在寒流到来时,每隔 2 小时烧一些秸秆发烟,可减轻冷、冻害。但熏烟量不宜过大,否则会熏死植株。

④避免低温后升温过快。黄瓜受持续低温危害后,遇晴时不要马上揭草苫,而要逐步揭开草苫,避免温度的急剧升高。

冷害、冻害的补救措施:

①加强肥水管理,防止叶片早衰。茎端青枯后,应加强肥水管理,延长主蔓原有叶片的光合功能期。在晴朗天气,白天室温 28℃左右,夜温不低于 12℃时,每周膜下灌水 1 次,每两周结合浇水施碳酸氢铵 1 次,每亩每次 20 千克。

②适时整枝。恢复正常生长后,植株营养水平相对充足,侧枝和回头瓜均大量产生,但侧枝上的瓜商品性差,且植株主蔓已有一定的长度,故对所有的侧枝视生长情况留 1～3 叶(瓜)摘心,以期形成一个多月的产量高峰期。

66. 蔬菜栽培对土壤肥力有何要求

生产实践表明,由于蔬菜生育期较短,复种指数高,因而栽培蔬菜需要有充足肥力作保障。但由于各种蔬菜品种特性不同,对土壤营养和土质的要求有一定区别,对于土壤溶液的浓度和酸碱度的适应性也不甚相同,因此,在大棚蔬菜栽培高峰的秋冬时期,播种或种植前,应对各种蔬菜对肥力的具体要求有所了解,因地因菜采取相应的施肥策略,方能做到投入少而收效大。

一般来说,不同蔬菜因根系入土深浅、分布广度、分枝多少、根毛发达与否的差异,对土壤营养元素的吸收量也有多有少。吸收量多的有甘蓝、大白菜,胡萝卜、甜菜、马铃薯等。吸收量中等的有番茄、茄子等。吸收量较少的有菠菜、芹菜和结球莴苣等。吸收量很少的有黄瓜、四季萝卜。其中,茄子可耐受的土壤溶液浓度较高(即耐肥),番茄次之,黄瓜、菜豆的耐肥性最差。

蔬菜在不同的生长发育时期,其吸收量和耐肥性各有不同。种子发芽时,只靠种子中贮藏的养分生长。幼苗期吸肥量较小,但对土壤溶液浓度却很敏感。因此,蔬菜幼苗期需肥量相对于菜苗个体体积来说应多,但土壤溶液浓度宜小。在食用器官形成时,蔬菜生长最快,对肥料的吸收量也达到全生育期的最大。

蔬菜一生需要从土壤中吸收多种营养元素,其中最多的是氮、磷、钾、镁、硫、钠等,而土壤中氮、磷、钾三种元素的含有量,一般难以满足蔬菜生长发育之需,必须通过施肥来补充。由于不同蔬菜对它们的要求不同,因此要有针对性地施肥。一般来说,叶菜类中的小型叶菜,生育期内需氮肥多;大型的结球类叶菜需氮素也多,但到生长盛期,则需要增施钾肥和适量的磷肥,否则不易结球。根茎类蔬菜的幼苗对氮素需求量大,其次需要充足的钾和磷;进入根茎肥大期,则需要大量的钾,其次是氮,但若后期氮肥过多,则会引起地上部分徒长。果蔬类蔬菜,幼苗期需氮量较多,磷、钾素相对较少;进入生殖生长期,磷钾肥的需求大增,氮肥的需要量相应减少,若氮肥过多而磷钾肥不足,则茎叶徒长,影响产量。

就土壤酸碱度而言,大多数蔬菜适于微酸性或中性土壤,过酸的土壤对蔬菜生长发育不利。不同种类蔬菜对土壤酸碱度的适应范围也不同,其中菠菜、大蒜、菜豆、莴苣、黄瓜对土壤中氢离子的反应最为敏感。

从现实情况来看,公众对蔬菜口味的要求越来越高,对绿色蔬菜的需求量也越来越大。因此,栽培蔬菜用充足的、经腐熟的农家肥作基肥最佳。这不仅能有效改良土壤,还能提高肥力。一般来说,只要施用充足的农家肥,并在生育期间适时用农家肥追肥,基本上可以满足蔬菜对肥料的需求。

67. 蔬菜生产上禁用的农药有哪些

① 剧毒农药:如磷胺、甲胺磷、久效磷、呋喃丹、3911、1059、1605、甲基 1605、苏化 202、杀瞑威、异丙磷、三硫磷、磷化锌、磷化铝、氰化物、氟乙酰胺、砒霜、氯化苦、五氯酚、二溴氯丙烷、401 等。这些农药对人、畜毒性大,能通过人的口腔、皮肤和呼吸道等途径进入体内引起急性中毒。

② 高毒、残效期长、能造成积累性中毒的农药:如汞制剂、赛力散、西力生等。这些农药残效期长,在土壤中能存留 10～30 年,它能使人、畜神经系统产生积累性中毒。

③ 低毒、残效期长、能造成积累性中毒的农药:如早已禁

用的六六六、滴滴涕及氯丹、毒杀苏、狄氏剂等。这些农药化学性质稳定,不易受日光和微生物的影响而分解,能够积累在植物和人、畜脂肪里。杀虫脒能引起人、畜慢性中毒,在蔬菜上禁用。

68. 蔬菜栽培中使用植物生长调节剂注意啥

① 浓度要准确。植物生长调节剂使用浓度宜小忌大,特别是当剂量掌握不好时,以说明书要求的下限量使用为佳。一旦使用浓度过高,引起蔬菜生长缓慢、畸形、落花、叶根生长停止时,可用 1∶125 的白糖溶液连喷 3 次挽救。

② 喷药要精准。使用生长调节剂时要做好标记,防止重复使用,如配制 2,4-D 时,可用红蓝墨水在蔬菜上或地表上做标记,并防止喷洒到幼芽和叶片上。不同调节剂要按其特性施用于蔬菜的不同部位,切记不可乱用。如用 2,4-D 处理茄果类蔬菜,要涂抹花柄;处理黄瓜幼果,可涂抹瓜胎,谨防涂到瓜把部位。

③ 依据温棚环境温度适当调整施用浓度。使用生长调节剂的原则是,低温下用高浓度、高温下用低浓度。一般在晴天使用。如用防落素处理番茄,温棚内环境气温 20℃ 以下时,施用浓度为每千克 50 毫克;20～30℃ 时,施用浓度为每千克 25 毫克,超过 30℃ 时,施用浓度为每千克 10 毫克以下。使用后还要注意温棚内温度变化情况,若温度升高迅速,应适当降温。

另外,在使用生长调节剂后,蔬菜生长速度往往变快,会形成大量幼瓜、幼果,因此肥水管理要跟上,以免出现营养不良,使已形成的器官停止生长,同时要疏去一些畸形果实。

69. 蔬菜栽培不宜使用哪些化肥

① 硝态氮肥。硝态氮肥施入菜田后,会使蔬菜体内的硝酸盐含量成倍增加,硝酸盐在人体中容易被还原为亚硝酸盐,亚硝酸盐是一种剧毒物质,对人体危害极大。

② 含氯化肥。此种化肥不宜施用于番茄、马铃薯。含氯肥料在土壤中分解产生的铵或钾离子会被土壤吸附或被蔬菜吸收,浓度达到一定程度时,会对蔬菜根系产生毒害,严重的会造成蔬菜死亡。

③ 叶菜类蔬菜忌叶面喷施氮肥。蔬菜叶面喷施氮肥,其铵离子与空气接触后,易转化为酸根离子被叶片吸收,加上叶菜类蔬菜生育期短,很容易使硝酸盐积累在叶内。

70. 温棚内空气相对湿度的变化规律及对蔬菜的影响

空气相对湿度是反映温棚内空气中水汽含量多少的指标。空气湿度较大是温棚环境的一个主要特点。由于温棚空间小,空气比较稳定,温度较高,蒸发蒸腾量大,加上灌水数量多,土壤湿度大,环境密闭等原因,温棚内经常会出现露地栽培下很少出现的高湿条件。特别是在冬季很少通风的情况下,即使在晴天,也经常出现 90% 左右的相对湿度,而且每天常保持 8~9 小时。夜间、阴天,特别是在温度较低,棚膜上有覆盖物遮蔽时,温棚内的空气相对湿度经常处于饱和或接近饱和状态,即达到 100%。

温棚内空气相对湿度的变化,通常是低温季节(时段)高于高温季节(时段),夜间高于白天,阴天高于晴天。以浇水前湿度最低,而浇水之后湿度为最大,以后会逐渐降低。温棚通风后湿度会短暂下降,在封闭后又会缓慢上升。一般来说,在春季,白天温棚内的相对湿度多在 60%～80%,夜间在 90%以上。其变化规律是:揭苫时最大,以后随着温棚内温度的升高,相对湿度会逐渐下降,到下午 1—2 时下降到最低值;此后,随着温度的下降,温棚内的相对湿度会随之升高,并在盖苫后,很快上升到 90%以上,直到次日揭苫。

温棚内如此的高湿环境,常造成温棚蔬菜叶片上结露或形成水膜,为蔬菜病害的发生与蔓延提供了有利环境。如黄瓜的霜霉病、细菌性角斑病、疫病,番茄的叶霉病、早晚疫病及韭菜、西葫芦、番茄的灰霉病的发生和为害就与这种高湿环境有着直接的关系。

在温度较低的情况下,温棚内空气相对湿度过大可造成塑料膜内壁结成大量水滴,从而吸附大量灰尘引起塑料膜的污染,这样就降低了透光率,减弱了温棚的内光照强度,进而使蔬菜光合作用下降,最终影响了产量和品质。而且,塑料膜上结成的水滴呈微酸性并含有少量有毒物质,滴落在蔬菜叶片上,可使叶片腐烂;渗透在土壤中,可使根系的生长受阻。而在高温季节,中午由于光照强、气温高,温棚内空气相对湿度若在 40%以下,而气温升至 40℃以上,则会使蔬菜叶片严重失水而萎蔫下垂,气孔关闭,光合作用受到抑制,导致叶片黄化、植株早衰,造成蔬菜作物减产。